复利思维

张文凡◎著

中国经济出版社
CHINA ECONOMIC PUBLISHING HOUSE
北京

图书在版编目（CIP）数据

复利思维 / 张文凡著 . -- 北京：中国经济出版社，2024.4

ISBN 978-7-5136-7740-0

Ⅰ.①复… Ⅱ.①张… Ⅲ.①思维方法 – 通俗读物 Ⅳ.① B80-49

中国国家版本馆 CIP 数据核字（2024）第 077642 号

责任编辑	张梦初　高　鑫
责任印制	马小宾
封面设计	仙　境

出版发行	中国经济出版社
印 刷 者	三河市宏顺兴印刷有限公司
经 销 者	各地新华书店
开　　本	880mm×1230mm　1/32
印　　张	6
字　　数	135 千字
版　　次	2024 年 4 月第 1 版
印　　次	2024 年 4 月第 1 次
定　　价	52.00 元

广告经营许可证　京西工商广字第 8179 号

中国经济出版社 网址 http://epc.sinopec.com/epc/ 社址 北京市东城区安定门外大街 58 号 邮编 100011
本版图书如存在印装质量问题，请与本社销售中心联系调换（联系电话：010-57512564）

版权所有　盗版必究（举报电话：010-57512600）
国家版权局反盗版举报中心（举报电话：12390）　　服务热线：010-57512564

前 言

在金融领域，复利被广泛视为财富增长的重要工具，其核心理念是"积少成多"，通过不断的积累和增长，最终实现目标。然而，复利的本质并不仅仅是数学公式或投资工具，它更是一种思维方式，一种以长期、持续的努力来追求目标的策略。这种思维方式强调的是持续性和累积性，而非一时的得失。

复利思维，强调的是通过持续的积累和努力，使一件事物呈现指数级增长。将这种思维方式运用到生活、学习和工作中，可以帮助我们在各个方面都取得更好的成果。如，我们每天坚持锻炼，虽然短期内可能看不到明显的效果，但长期来看，我们的身体健康状况会有很大的提升。同样，我们每天阅读一些有益的书籍，虽然每天的阅读量不大，但长期积累下来，我们的知识和见识会有显著的增长。

实际上，人的一生就是一个复利的过程。从诞生的那一刻起，我们就拥有了生命这一最宝贵的资源。随着在成长过程中的学习、实践和体验，我们不断积累知识、技能、经验、人脉等，这就像是利息的产生。由此不仅可以提升我们的生活质量，也能为我们的未来发展奠定坚实的基础。然而，如果我们满足于现有的知识和技能，不去进一步学习和提升，那么这些知识和技能就无法产生更多的价值，就像是没有再投资的利息，无法产生更多的价值。相反，如果我们不断地学习和提升，那么我们的知识和技能就会像利息一样，不断地积累和增长，进而产生更大的价值。

当然，人生的复利并不像金融领域的复利那样算法简单，毕竟，人生中各种资本实现增长的方式与金钱是不同的。因此，我们需要提高自己的复利思维能力，以更好地预见人生中各种资本的复利，从而获得美满、充实且成功的人生。

现实生活中，我们可以看到许多成功人士都运用复利思维取得了辉煌的成就。例如，商业大亨李嘉诚每天都会花费一定的时间阅读和学习，以不断提升自己的知识和技能。他知道，这些知识和技能就像是他的"本金"，只有通过不断的积累和运用，才能使它发挥出更大的价值。"股神"巴菲特每天都会花费大量的时间去研究和分析市场，寻找投资的机会。因为他知道，每一次的投资都是对自身"本金"的增值，只有不断地投资，才能实现财富的最大化积累。这些事实都充分展示了复利思维对人生轨迹的重要影响。只要我们坚持应用复利思维去做事，无论是学习、工作还是生活，都能获得长期的、稳定的回报。

复利思维是一种长期主义的思维模式，它指导我们持续不断地努力和积累，以实现人生目标。它的核心在于其独特的思维方式，这种思维方式不仅仅是思考问题的方法，更体现了对知识的深刻认知和理解。它强调通过持续的学习和积累，使知识和技能得以像金融复利那样，随着时间的推移而不断累积和增长。因此，我们必须固化大脑中的复利思维模型，并有意识地加以练习，才能帮助我们在人生的道路上走得更远，取得更大的成就。

无论是在日常生活中，还是在个人成长、职业发展、商业运营等各个领域，每一件看似微不足道的小事，都可能成为我们复利思维模式增长的推动力。随着时间的推移，这些小事的积累会使得我们的边际成本逐渐降低，也就是说，我们在做同样的事情时，所需要的额外投入会越来越少。这样，我们就可以将更多的精力和资源投入更有价值的事情上，从而使得我们的收益逐渐增大。

从天赋的角度来看，人与人之间并没有过大的差距。之所以在后天成长中走上了不同的人生道路，获得了不同的人生成就，很大程度上，是因为个人的思维不同。一个人的视野宽广与否，以及他所能够攀登的高度，均由其思维所决定。换句话说，一个人的思维方式在很大程度上决定了他的人生轨迹和成就。由此不难推断出，复利思维对于人生的重要影响。

也就是说，真正能够让我们实现复利的，其实是我们的思维方式。一旦我们建立了基于复利的核心思考模式，我们的思维结构就会发生根本性的改变。这种思维方式不仅能帮助我们在金融领域取得成功，还能使我们的人生在各个方面均有所改变。

本书从生活中的众多实例出发，深入探讨了复利思维在我们的日常生活、职业发展和个人成长中发挥的巨大作用。通过阅读本书，相信广大读者朋友对于复利思考这一概念会有更加全面和深刻的理解，并能够将所学的知识运用到实际生活中，最终让复利思维成为助力我们实现人生价值和目标的重要工具。

目 录

第一章 | 思维复利——比努力更重要的，是复利思维

从"复利效应"到"复利思维" \ 002

滚出人生大雪球 \ 006

经营你的长处 \ 010

成功人生，从小事开始 \ 014

一切成功源于积累 \ 017

第二章 | 时间复利——让每一天的努力在未来均有收获

珍惜生命中的每分每秒 \ 022

第一次就把事做对 \ 026

学会专注：一次只做好一件事 \ 030

盘活那些零碎时间 \ 034

做好计划就成功了一半 \ 038

第三章 | 习惯复利——习惯千差万别，未来天壤之别

成功从良好的习惯开始 \ 044

自律的程度，决定人生的高度 \ 048

岁月不会辜负每一分坚持 \ 052

你缺的不是力气，而是毅力 \ 057

与其抱怨，不如改变 \ 060

第四章 | 行动复利——"动"起来，雪球才能"大"起来

成功始于滚动的那一刻 \ 066

机遇就在每一次的行动中 \ 071

从目标出发，让行动不再迷茫 \ 075

告别犹豫不决 \ 080

不找任何借口 \ 084

勿将今日之事拖到明日 \ 089

第五章 | 知识复利——让知识不断以"复利"速度快速迭代

永远保持学习的状态 \ 094

阅读，是成长的基本路径 \ 099

努力成为行业里的专家 \ 102

向竞争对手学习 \ 106

第六章 | 认知复利——改变思维方式，不断提升认知水平

拥有积极的思维方式 \ 112

别让思维定式捆绑住你 \ 117

做一个勤于思考的人 \ 121

压力也是动力 \ 125

让不可能变成可能 \ 130

第七章 | 人脉复利——如何借助他人的力量获得成功

与优秀的人为伍 \ 134

"人情"是一种无尽的财富 \ 138

学会与他人合作 \ 142

诚信是最好的投资 \ 146

第八章 | 能力复利——不断提升能力，获得更多机会和回报

给自己找个对手 \ 152

找到内在成长的动力 \ 156

善于反省的人更容易成功 \ 159

做自己喜欢且擅长的事情 \ 163

第九章 | 职场复利——提高站位，实现职场跃迁

像老板一样思考 \ 168

不要仅为薪水而工作 \ 172

工作没有"分内分外"一说 \ 176

比别人多做一点点 \ 179

第一章

思维复利

——比努力更重要的，是复利思维

复利思维

从"复利效应"到"复利思维"

一提到复利,很多人首先想到的就是金融投资领域中的复利效应。从经济学的角度来说,复利指的就是复合利息,是指某一计息周期的利息是本金加上先前周期所积累的利息总额。复利的计算是对本金及其产生的利息的一并计算,也就是人们常说的"利滚利",由此产生财富的增长,称为"复利效应"。

可能这样说,大家比较难以理解,我们用一个事例来让大家对复利效应有一个直观的印象。

古印度时期,有一个人发明了国际象棋,他将象棋进献给当时的国王。国王十分喜欢,决定赏赐这个人。国王问他有何要求,这个人就提出了一个看似简单的要求,他希望国王在棋盘上的第一个格子上放1粒米,第二个格子上放2粒,第三个格子上放4粒,以此类推,每个格子的米粒数都是前一个格子的两倍,按这个方法放满整个棋盘就行。

国王爽快地答应了这个人的请求,然而,当他按照约定准备在棋盘上放置米粒时,却发现全印度的米粒竟然连棋盘一小半格子都"放"不满。

第一章
思维复利——比努力更重要的，是复利思维

这就是倍增的力量，这就是复利的力量。

在经济领域，关于复利效应还有一个更加令人震惊的估算：如果一个人每年存 1.4 万元，并将这些钱拿去投资，以每年平均 20% 的投资回报率计算，那么，40 年后，这个人的资产就会过亿！

这当然是比较理想化的估算，但由此也可见复利的威力。"股神"巴菲特的一个朋友将 5 万美元投到巴菲特公司让其代为管理。30 年后，巴菲特告诉这个朋友，放在他那里的钱现在已经涨到 6000 多万美元了。从 5 万美元到 6000 多万美元，就是复利 30 年的结果。

爱因斯坦曾经说过："复利是世界第八大奇迹，知其者从中获利，不知者为其买单！"他认为世界上最厉害的武器不是原子弹，而是"复利+时间"。实际上，复利确实是一种强大的力量，具有滚雪球效应，会随着时间的增长而产生裂变式增长，能够在长期投资中创造巨大的财富。实际上，复利效应不限于在经济领域有惊人的表现，还反映在个人成长、职业发展、创业与创新以及其他各个领域。

复利效应的意识反映到思想上，就是复利思维。具有复利思维的人在个人成长方面往往会取得显著的成绩。人生是一场马拉松，不是百米冲刺，与其跑得快，不如跑得久。每天进行一些微小改变和进步，随着时间的推移逐渐累积成长的势能，最后将会带来丰厚的回报，实现个人的复利成长。例如学习新知识新技能、通过阅读充实和完善自己、扩大自己的社交圈、保持健康的体魄等。持之以恒地坚持这些做法，将让我们在各个方面得到长期的成长和进步，并创造更多机会和可能性。

同样，职业发展也需要有复利思维，即在职场中要不断提升自己的能力和价值，以获得更多机会和回报，为自己的职业生涯发展打下坚实的基础。那么如何不断提升自己的能力和价值呢？简单来说，可以通过不断的学习来实现，如参加培训和进修、寻求导师指导、积累工作经验、多思考多反思等。工作中，经常会遇到各种问题和挑战，这些问题和挑战反而是我们成长和进步的机会。因此，在完成任务或项目后，要及时进行复盘，了解自己在工作中出现的问题和不足，总结经验教训。还可以主动接触新的业务，扩展自己的知识面。也可以深入研究自己所从事的专业，拓展自己的专业深度。每次的学习和经验积累都将为自己增加一份竞争力，为未来的职业发展打下坚实基础。

运动是一种可以带来复利效应的活动，长期坚持会带来积极的变化和结果。可以把每一次运动看作一次对健康的投资。只要持续不断地投资，就能获得持续不断的回报。运动所带来的好处是累积的，运动初期可能不会立即看到明显的变化，但只要坚持，长时间累积下来就会发现它带来的改变和积极影响。通过运动，可以强健体魄，塑造良好体型，提高体力和耐力，调节情绪、释放压力，同时因为身体好，做事的效率会更高，进而产生更好的工作效果。此外，持续的运动还会培养出坚韧不拔、积极乐观、无所畏惧的心态，使你在面对挑战时更加坚定和自信。因此，无论是身体变化还是心理成长，持续的运动都将为你带来丰厚的回报。可以说运动的复利效应是巨大的。用运动投资健康，是一笔稳赚不赔的买卖。上半生在健康上投入的精力越多，下半生的幸福指数就会越高。相信自己，坚持下去，余生将更加健康、快乐和充实。

实际上，复利存在于我们生活的方方面面，美国投资家查理·芒格说：复利不只是一个投资模型，还是一种普世的智慧。不夸张地说，具备了复利思维，你就拥有了一件重要的思想武器，应用之，会使人生的各个方面有大的改变。需要注意的是，复利思维需要耐心和长远眼光。因为复利效应不是立竿见影的，可能短时间内看不到结果和希望。但别因为短期看不到回报就拒绝努力，因为它并不是没有回报，而是正在扎根，只要你能坚持并持续努力，就能够不断迈入更高的人生阶段。记住，每个微小的努力都是积累财富和成长的一部分，只要你学会利用复利思维去发现问题、思考问题、解决问题，做好长期规划并为之努力，那么你所付出的努力终究会被无限放大！

复利思维

滚出人生大雪球

生活中，我们经常听到"滚雪球效应"，一个小小的雪球在雪地上滚动，逐渐变得越来越大，最终变成一个大雪球。这个现象揭示了一个深刻的道理：初始的条件和行动会影响未来的结果，正如滚雪球一样，人生也是如此，我们需要不断地前进，将来才可能有巨大的收获。

"股神"巴菲特有一句经典话语："人生就像滚雪球，最重要的是发现很湿的雪和很长的坡。"他坚信自己的成功源于始终能够发现那些"很湿的雪"和"很长的坡"。

从相关信息中，我们可以了解到在1965年至2007年这段时间内，在巴菲特英明的领导下，伯克希尔公司的年均复利收益率达到了21.1%。这个数据是相当惊人的，因为它相当于同期标准普尔500指数年均收益率10.3%的一倍。更令人震惊的是，在这43年的时间里，伯克希尔公司总的收益率竟然是同期标准普尔500指数总收益率的56.80倍。

2002年至2003年，巴菲特做出了一个重大的投资决策——购买中石油股票。他一共购买了约4.88亿美元的中石油H股。从那时起，他的投资一直在这条长坡上慢慢地"滚动"，一直到2008年。在这五年的时间里,他在这只股票上赚到了40亿美元。这是一个非常了不起的成就,因为这意味着他的投资在这段时间里增加了8倍多,就像一个"雪球"一样越滚越大。巴菲特不愧为一个善于"滚雪球"的人。

在人生的道路上,我们也需要像滚雪球一样积累财富和成功。无论是人生的经验、知识、收入,还是人脉,都可以视为"雪球"的一部分。每一次的积累,每一次的成长,都会使雪球变得更大、更重,而每一次的积累都会带来更大的回报。

"滚雪球效应"是复利的一个重要特点,凸显了积累和持续努力的重要性。它告诉我们,只要拥有足够的耐心和毅力,就一定会达成目标。因此,我们应积极运用这种思维方式,以提升自我,实现个人价值。

北宋时期,有一位著名的现实主义诗人梅尧臣。他博学多才,能够随口吟咏出美妙的诗句,这让人们对他的诗才感到惊讶不已。于是,有人开始留意观察他的"秘诀"究竟是什么。经过一段时间的观察,人们发现梅尧臣无论走路、吃饭还是游玩,手里总是拿着一支笔,时而会在一张纸条上写几下,然后将小纸条装进一个布口袋中。当有人打开他的布口袋细看时,他们惊讶地发现上面写的全都是一联、半联的诗句。

原来,梅尧臣成功的秘诀就在于积累。他将琐碎的时间都用来写作。无论是走在路上,还是在用餐的时候,他都尽可能抓住每一个机会,将自己的想法转化为诗句。这种坚持不懈的努力和积累,使得他的诗才得以厚积薄发。

梅尧臣的故事告诉我们,要想在某个领域取得卓越的成就,需要持续努力和不断积累。只有通过不断的学习和实践,我们才能够不断提升自己的能力，并在关键时刻展现出自己的才华。

事实上，我们在人生中的每一个选择、每一次努力、每一个行动，都会像滚雪球一样，产生累积效应，最终影响我们的命运。一个人的成功不是靠幸运，而是靠一点一滴的付出积累而成。比别人多付出一分，就意味着比别人多积累一份资本，就意味着比别人多创造一次成功的机会，就预示着人生的转变。

人生就像滚动的雪球，一开始可能只是一片小小的雪花，但是随着时间的推移，它会不断地吸收周围的雪花，变得越来越大。这个过程中，我们需要不断地努力和坚持，才能让自己的人生雪球越滚越大。

然而，我们也要注意，滚动雪球的过程并不是一帆风顺的。有时候，我们会遇到困难和挫折，甚至可能会停下来。但是，只要我们不放弃，坚持前进，我们就能够克服困难和阻挠，持续"滚动"下去。只有不断滚动的雪球，才能变得越来越大。

美国曾有一位电台女主持人在其职业生涯中遭遇了多次挫折和辞退，但她从未放弃追求自己的梦想。坚持通过不断学习提升自己的能力，最终取得了巨大的成功。

在最初求职的时候，她来到美国大陆无线电台面试。但因为是女性遭到公司的拒绝。随后，她来到波多黎各发展，因不懂西班牙语，她又花了3年时间来学习。在波多黎各的日子，她最重要的一次采访，是接受一家通讯社的委托到多米尼加共和国报道暴乱，连差旅费都是自己出的。在以后的几年里，她不停地面试找工作，无数次被人辞退，有些电台甚至当面说她能力太差，根本不懂什么叫主持。

尽管如此，她却从来没有放弃过。1981年她进入纽约一家电台工作，但是工作没多久就被辞退，失业了一年多。有一次，她向两家国家广播公司推销她的访谈节目策划，但都没有得到认可，于是她找到第三家广播公司。这家广播公司雇佣了她，但是要求她改为主持政治主题节目。她对政治一窍不通，但是她不想失去这份工作，于是开始"恶补"政治知识。1982年夏天，她主持的以政治为内容的节目开播了。凭着娴熟的主持技巧和平易近人的风格，她获得了观众的认可，几乎一夜成名，她的节目最终成为全美最受欢迎的政治节目。

如今，她已经是一位非常成功的美国电视节目主持人，并拥有极高的知名度，她就是——莎莉·拉斐尔。

在人生的道路上，我们会遇到很多困难和挑战。如果我们能够运用复利思维，不断地学习和积累经验，勇于克服困难和挑战，保持积极进取的态度，那么我们就能够跨越这些难关，让我们的"雪球"越滚越大，最终塑造出一个巨大的"雪人"。

记住，人生就像滚雪球，后面的成功来自前面的积累。假如你渴望"滚"出自己的人生大雪球，就要从现在开始，带着满腔的热忱和坚定的信念，勇敢地在人生之路上前行。

复利思维

经营你的长处

复利思维并不是一种孤立的存在，它需要与经营自己的长处相结合，才能够发挥出最大的作用。每个人都有自己的长处和优势，只有经营好自己的长处，才能够最大限度发挥出复利效应，实现自己的价值和发展。例如，如果我们擅长沟通和人际交往，我们可以利用这一优势来建立更广泛的人脉网络，进而为自己创造更多的机会和资源。我们可以主动参加各种社交活动，与他人建立广泛的联系，并展示我们的沟通能力和人际关系建立技巧。这样一来，我们不仅能够扩大自己的影响力，还能够获得更多的机会来发展自己的事业或实现个人目标。

一个人成功与否，一定程度上取决于是否能够发挥自己的长处。富兰克林曾经说过："如果宝贝放错了地方，它就变成了废物。"如果一个人不懂得扬长避短，不去努力经营自己的长处，那么他的人生道路将会充满曲折和困难，他可能会一直努力工作但永远无法成功；相反，如果他善于发挥自己的优势、经营自己的长处，那么他很可能会迅速进入事业的"快车道"，并进而创造出丰富多彩的人生。

费尔南德一家都是音乐人，他本身的音乐天赋比普通人高一些，

第一章
思维复利——比努力更重要的，是复利思维

上中学的时候，因为这稍高的音乐天赋，他成了学校的"小明星"。可是上了大学后，他的光芒被完全掩盖，显得平平无奇，因为大学里汇聚了来自世界各地的音乐才子。就费尔南德自身来说，他对音乐既缺乏那种狂热和全身心的投入，也不具备娴熟的技巧和出色的才能。两年后，费尔南德终于承认：自己在音乐上的天赋只比普通人高一点点，于是他不顾父母的劝阻和反对，毅然离开了音乐学院。

费尔南德开始探索自己的兴趣所在，他先学习经济学，然后又从事服装设计，并尝试经营服装生意。然而，他始终无法找到能让自己发挥所长的领域。

在经历了多次失败的尝试后，费尔南德偶然间发现了心理学。这个领域让他感到无比兴奋，成为他钟爱的研究对象。当他在心理学课堂上发表言论时，教室里总是异常的安静。他发现，每当他开口说话，所有人都会全神贯注地倾听，这让他感到惊讶。这种被重视的感觉激励了他，使他更加努力地投入学习和研究中。

费尔南德在回顾自己走过的路程时，内心充满了庆幸。作为一名心理医生，他成功地治愈了许多心理病患者，这给他的生活带来了巨大的改变。

费尔南德几经改行换道，不断地探索和尝试，终于找到了属于自己的赛道。

长处是帮助自己实现成功的最好工具。如果一个人对自己的长处了解不够，以至于努力的方向不当，就会影响自己的发展。反之，如果找到自己的长处，并不断积累和提升自己的优势，就会挖掘出自己无限的潜能，这种复利效应无疑将使他更容易取得成功。

现实生活中，许多人因为从事不适合自己的工作而遭致失败。

复利思维

在这些失败者中,有些人非常努力,似乎应该能够成功,但实际上却成就很有限。这是为什么呢?原因就在于他们没有找到能发挥自己长处的工作。

一个人因为入错了行,无法充分发挥自己的聪明才智,实在是令人遗憾的事情,但也没必要灰心丧气,因为只要能够认识到这个问题,并及时调整自己的方向,就完全有可能走上成功的道路。即使意识到这个问题时已经有些晚了,仍然有重新崛起的希望。一个人一旦找到了正确的职业方向,就可以充分发挥自己的才能和潜力,实现个人的成长和职业的成功。同时,也会感到自己的生活和思想焕然一新,充满了动力和激情。

艾莉丝女士原本是澳大利亚昆士兰州的一名电话接线员。她悦耳动听的声音、流畅自如的表达以及热情的态度为她赢得了良好的声誉,受到了用户的普遍赞扬。

可是艾莉丝是一个怀揣创业梦想的人,她并不满足于一辈子只做一名普通的电话接线员。她渴望成为老板,开创属于自己的事业。她明白商场就像战场,任何不切实际的幻想都只是虚假的满足,必须从自身的实际情况出发,找到自己擅长的领域与社会需求的交汇点,并以此为出发点努力开创事业。基于这种观念,她开始反思自己,随即产生了一个想法:利用自己的天赋创立一家电话道歉公司,专门代人进行道歉。

后来,艾莉丝女士不仅成功创建了自己的公司,而且取得了显著的成就。

成功的一个关键环节就在于不断利用和扩大自己的优势。每个

第一章
思维复利——比努力更重要的，是复利思维

人都有自己独特的优势和才能，只有认识和发掘这些优势，并将其与自己的兴趣和价值观相结合，才能找到最适合自己的道路，取得事半功倍的成果。

"尺有所短，寸有所长"，每个人都有自己的长处，同时又都有自己的不足或弱势，如果能发现自己的长处并经营好，就会给生命增值；反之，如果经营自己的短处，将会给自己的人生增添烦恼和阻碍。因此，我们应该珍惜自己的长处，努力去发展和提升它们，让它们可以像复利一样，不断积累和增长，进而获得更多的回报和成就。

复利思维

成功人生，从小事开始

在这个瞬息万变的时代，人们往往追求快速的成功和立竿见影的效果。然而，在生活的长河中，大多数的成功是建立在小事基础上的，是那些不起眼的小事累积的结果。正如金融学中的"复利效应"，持续而微小地投入，最终积累成巨大的财富。同样，生活中的小事，如果持之以恒，也能产生不可思议的复利效应。

在日常生活中，我们常常会听到这样一句话："小事成就大事。"这句话的意思是，一些看似微不足道的小事，如果积累起来，就会成为大事，就可能产生巨大的影响，而这就是复利的力量。例如，每天阅读一小时的书籍，可能在短期内看不到明显的效果。但是，如果坚持下去，几年后会发现自己的知识储备和思维能力有了显著的提升。这就是小事成就大事。再比如，每天坚持运动半小时，可能在短期内会感到疲惫和不适。但是，如果坚持下去，几年后会发现自己的身体健康状况有了显著的改善。这也是小事成就大事。

复利的秘诀在于坚持和时间，小事成就大事也在于时间的累积。只有坚持不懈地做好每一件小事，才有希望在未来看到大事的成就。

在被誉为"汽车王国"的福特公司中，有一位职员，他的名字

第一章
思维复利——比努力更重要的，是复利思维

叫亨利。亨利20岁进入福特公司，起初的工作是打杂，哪里有零活他就到哪里去。这是一个看似微不足道的工作，但亨利却从中看到了机会。他从最基本、最小、最杂的事做起，虚心好学，不断探索和学习。五年时间里，他几乎去过公司的所有部门，并由此掌握了汽车的生产和装配整个过程。

这五年的时间，亨利并没有因为工作的琐碎而感到沮丧，反而从中找到了乐趣。他总是利用做每一件小事的机会去发现问题，进而总结经验。他从这些小事中成长起来了，他成功的法宝就是从小事做起。

亨利的努力得到了公司的认可。他很快晋升为车间领班。在如此大的公司中成为一名领班不容易，但亨利凭借自己的努力和智慧，成功地完成了这个挑战。

亨利的故事告诉我们，无论我们从事的是什么工作，都应该认真对待，不要轻视小事，要从小事做起。因为正是这些看似微不足道的小事，才能为我们的未来奠定坚实的基础。

成功往往是建立在一系列小事基础之上的。许多人可能认为，要取得伟大的成就，必须从事震撼人心的大事。然而，他们往往忽略了一个事实，那就是梦想只有在脚踏实地的工作中才能实现。虽然志向应该高远，但高远的志向必须与实际行动相结合。为了实现伟大的事业，我们必须从身边的小事开始做起。

小事成就大事。日常生活中，有许多看似微不足道的小事，但正是这些小事，积累起来，最终成就大事。这就恰如一颗颗种子，虽然看起来微不足道，但如果能够妥善照料，它们就会生长，最终长成参天大树。同样，我们的每一个小行动、每一个小决定，都可能对我们的未来产生深远的影响。工作中，我们会遇到各种各样的

挑战和困难。每一次的挑战和困难，都需要我们去克服。而每一次的克服，都是一次小的成就。我们应该珍视每一件小事，因为它们可能就是成就大事的关键。

美国前国务卿鲍威尔是一个令人敬佩的人，他刚刚踏入职场的时候，从事的并不是那种让人羡慕的高薪工作，而是一个平凡无奇的工作——清洁工。然而，他并没有嫌弃这份微不足道的工作。相反，他很喜欢这份工作，并将其做得有板有眼。在工作中他不断吸取教训，总结经验，甚至研究出一个拖地板的诀窍，可以将地板拖得又快又好，省力又省时。

这一切的努力没有白费。通过一段时间的观察，老板看到了鲍威尔的认真、细心，觉得他是一个人才，于是破例提拔了他。

多年后，鲍威尔在回忆往事时说，他工作后积累的第一个人生经验就是不轻视小事，从小事做起，对每一件事情都不掉以轻心。这句话，不仅是他对自己那段职业生涯的总结，也是他对生活的独特理解。

鲍威尔用自己的人生经验告诉我们，无论我们做什么，都应该从小事做起，对每一件事情都不能掉以轻心。成功的机遇往往隐藏在我们身边的小事中。大事是由一件件小事组成的，大机遇也分散在这一件件小事当中，只有从小事做起，通过复利的力量，抓住每一个锻炼和提升自我的机会，才能在社会的舞台上找到属于自己的位置。

总之，要认识小事会像复利一样，积沙成塔，每一次小的努力和积累都会在未来产生巨大的影响。因此，无论是学习、工作还是生活，我们都应该注重细节，从小事做起，不断积累经验和知识，逐渐接近目标，最终实现梦想。

第一章
思维复利——比努力更重要的，是复利思维

一切成功源于积累

荀子《劝学》中有这样一段话："积土成山，风雨兴焉；积水成渊，蛟龙生焉；积善成德，而神明自得，圣心备焉。故不积跬步，无以至千里；不积小流，无以成江海。骐骥一跃，不能十步；驽马十驾，功在不舍。锲而舍之，朽木不折；锲而不舍，金石可镂。"

荀子的这篇文章虽然已经有两千多年的历史，但他所说的这段话一直以来都被人们传诵着。这段话的核心思想是：无论做什么事情都应该循序渐进，不断积累，坚持不懈。

这种思想在当今社会仍然具有重要的意义。无论是学习、工作还是生活，都需要我们不断积累知识和经验，不断提高自己的能力和素质。只有这样，才能在竞争激烈的社会中立于不败之地。

积累是由微小到宏大的必经之路，是成功的前提，是量变到质变的过程。任何事物的发展都有一个由量变到质变的过程，量变只有积累到一定程度才会发生质变。具有复利思维的人懂得通过积累和复利效应来取得裂变式成长。他们善于利用时间、资源和机会，将小的成功逐步累积起来，最终实现指数级的增长。相比之下，普通人往往只关注眼前的成果，没有认识到积累和复利效应的巨大潜力。

复利思维

成功是靠一点一滴的积累铸就的，不要梦想着一夜之间就能功成名就或者是一口就能吃个"胖子"。"千里之行，始于足下""水滴石穿"的古训要铭刻在心。千万不要急于成功，唯有一步一步地脚踏实地，慢慢地积累成功的经验，才会等到成功降临的那一刻。

洛克菲勒最初加入石油公司时，既没有受过高等教育，也没有掌握相关技术，因此，被指派去执行一项简单的任务，即检查石油罐盖是否已经自动焊接完成。这项工作在整个公司被认为是最枯燥乏味的工序之一。

每天，洛克菲勒都会目睹上百台机器重复相同的动作。石油罐先是在输送带上移动到旋转台上，然后焊接剂自动滴下，沿着盖子旋转一周，工作完成，最后油罐下线并存入仓库。洛克菲勒的任务就是监督这道工序。从清晨到黄昏，他需要检查数百个石油罐是否焊接好，每天都是如此。

半个月后，洛克菲勒向主管提出了更换其他工种的请求，但遭到了拒绝。无奈之下，洛克菲勒只好重新回到焊接机旁继续观察。既然无法获得更好的职位，他决定先在现有岗位上积累经验，努力做好手头的工作。

洛克菲勒开始专注于观察罐盖的焊接质量，他对焊接剂的滴速和滴量进行了详细的研究。他注意到，焊接每个罐盖，焊接剂需要滴落39滴。然而，经过精确计算后，他发现实际上只需要38滴焊接剂就能全部完成罐盖的焊接工作。经过反复的测试和实验，洛克菲勒最终成功研发出了"38滴型"焊接机。这种焊接机的使用使得每只罐盖相较于之前节约了一滴焊接剂。尽管只是一滴焊接剂，但一年下来却为公司节省了数百万美元的开支。

成功源于积累,正如洛克菲勒的故事所展示的那样,即使是看似微小的努力和改进,只要能够持续不断地进行下去,最终也能够产生巨大的影响和价值。每一次的努力,每一次的进步,都会为我们的未来积累更多的资源和能力。这些资源和能力就像利息一样,不仅能够帮助我们实现当前的目标,还能够帮助我们在未来实现更大的目标。这就是复利的力量。

天道酬勤,水滴石穿。无数事实证明,成功需要积累,积累使人拥有丰富的经验和渊博的知识。只有通过持续不断地积聚能量,量变最终才能引发质变,实现质的飞跃。积累并不是一蹴而就的,需要我们付出时间和努力。在日常生活中,我们需要不断学习新的知识,不断尝试新的事物,不断积累新的经验和教训。只有这样,我们才能借助复利效应,取得更大的成功。

王羲之书法艺术造诣深厚,他的行书有"天下第一行书"的美誉。然而,他的成就并非一蹴而就,而是经过了长时间的积累和磨砺。

王羲之自幼就对书法有着浓厚的兴趣,七岁起就开始投身于书法的练习,他无论行走还是静坐,都在揣摩名家书法的架势,手指在衣襟上不断地描绘着字迹。长时间的练习,将他的衣襟都划破了。他在绍兴亭"临池学书"的过程中,由于每天洗笔砚,使得一池清水变成了"墨池"。正是因为这样的坚持和努力,他练就了"入木三分"的笔力,形成了丰富多彩的字体。他的笔触刚健有力,字迹如飞龙般生动。最终王羲之成为一位划时代的书法家。

成功源于日积月累。如复利效应一样,通过持续而微小的积累,

复利思维

最终汇聚成巨大的力量。无论是知识的储备,还是经验的积累,都是通往成功的必经之路。只有通过不断的努力和积累,我们才能实现目标,才能拥抱成功。

第二章

时间复利

——让每一天的努力在未来均有收获

> 复利思维

珍惜生命中的每分每秒

在这个世界上,有一个奇怪的银行,名为"时间银行"。这个银行并不是我们通常意义上的金融机构,它没有实体柜台,没有现金交易,也没有贷款,然而,它却给每个人开设了一个账户,每天都会往这个账户上存入同样数目的资金。这笔财富就是时间。

"时间银行"的规则非常简单,如果你当天用完你的时间,那么余额不能记账,也不能转让。也就是说,你不能将今天没有使用的时间存到明天,也不能将明天的时间提前到今天使用。每一天的时间都是独一无二的,一旦过去,就再也无法找回。

时间是一种无形的资源,它既无法被保存,也无法被购买。然而,如果我们能够有效地利用时间,却能够创造出巨大的价值。这就是复利的魔力,它的效果会随着时间的推移而逐渐显现出来。例如,一个人每天坚持阅读半小时,初看似乎微不足道,但一年下来便是182.5小时。这些时间累积起来,使这个人不仅增长了知识,更锻炼了思维,提升了个人素养。十年后,这个人可能因为这份坚持而成为某一领域的专家,或者拥有了更为丰富的人生体验。这就是时间的复利效应——小小的坚持,最终汇聚成巨大的成就。因此,我们需要珍惜每一分每一秒,让时间成为我们实现复利的助力。

第二章
时间复利——让每一天的努力在未来均有收获

爱因斯坦曾经表达过这样的观点：人与人之间的最大差异就在于如何有效地利用时间。从我们诞生的那一刻起，世界赠予我们最珍贵的礼物便是时间。无论贫富，这份礼物都是公平的：每个人每天都有 24 小时，我们都用它来投资和经营自己的生活。有些人一生平庸无奇，并非他们不聪明或不努力，而是未能利用好时间；相反，有些人擅长管理时间，他们能够将一分钟变为两分钟，一小时变为两小时，甚至将 24 小时扩展为 48 小时……他们充分利用了上天赐予的时间，进而取得了成功。从这个角度上看，世界上的伟人、领袖、科学家、文学家等，他们的成功之处就在于对时间的高效利用，他们都堪称时间管理大师。

文学家巴尔扎克说："时间是人的财富，正如时间是国家的财富一样，因为任何财富都是时间与行动利用的成果。"巴尔扎克是怎样珍惜和利用时间的呢？

让我们看看巴尔扎克普通一天的生活吧：

午夜时分，当墙上的挂钟敲响十二下时，巴尔扎克准时从睡梦中醒来，开始了一天的工作。他点燃蜡烛，洗了一把脸，开始了准备工作。他将纸、笔和墨水放置在合适的位置上，确保在使用它们的时候随手能取到，还把一个小记事本放在写字台的左上角，上面记录着章节的结构提纲。此外，他还顺手整理了为数不多的几本书，因为大部分书籍资料已经储存在他的脑海中了。

准备工作完成后，巴尔扎克开始写作。当巴尔扎克开始写作时，房间里只能听到他快速书写的"沙沙"声。这表明他非常专注和投入。他很少停笔，即使有时手指麻木或太阳穴剧烈跳动，他也不肯休息。为了保持精力充沛，巴尔扎克会喝一杯浓咖啡。咖啡中的咖啡因可以提神醒脑，帮助他恢复精力。喝完一杯咖啡后，他会振作一下精神，然后继续写。

早晨8点，巴尔扎克匆匆忙忙吃完早饭，然后洗个澡。紧接着，他开始处理日常事务。印刷所的人来取墨迹未干的稿子，并同时送来几天前的清样。巴尔扎克立即着手修改稿样。稿样上的空白被密密麻麻的字迹填满了。如果正面写不下，他就写到反面去。如果反面也写不下，他就会再附加上一张白纸。只有当他对任何一个词都再挑不出毛病时，他才停止修改。

修改稿样工作一直持续到中午12点。整个下午，他专注于整理备忘录和撰写信件，与朋友们一起探讨创作方面的问题。

在享用完晚餐后，他需要对晚餐前的所有事情进行简要的回顾。更重要的是，他需要对明天要撰写的章节进行深入细致的思考和推敲。这是他写作过程中一个至关重要的环节、一个不可或缺的步骤。晚上8点，他放下了所有的工作，按时入睡。

这普通的一天，只是巴尔扎克长达数十年创作生涯的一个缩影。

巴尔扎克之所以能够取得成功，很大程度上得益于他对时间复利的巧妙运用。他深知时间的宝贵和不可逆转性，因此他以高效的方式利用每一分每一秒来追求自己的目标。借助合理的时间管理、高效的工作方式以及高度的自律，巴尔扎克在有限的时间里取得了巨大的成就。

时间是人生最大的财富。一个人的生命是有限的，如何珍惜时间、如何有效地利用人的短暂一生，去成就更辉煌的事业，这是有志之士需要认真思考和对待的人生课题。

有哲人曾言，只有珍惜并善用时间的人，才能成为生活的强者。

第二章
时间复利——让每一天的努力在未来均有收获

一定程度上,一个人的生命价值取决于他对时间的利用程度。我们不能选择生命的长度,但我们可以决定生命的宽度。我们不能改变时间的流逝,但我们可以把握时间的价值。生命的每一小时、每一分、每一秒都值得被珍视,我们应该将每一分钟视为人生最后一分钟来对待,让每一刻都充满价值和意义。

珍惜时间是一种生活态度和思维模式。那么,如何在珍惜时间的同时运用复利原则呢?以下是一些建议:

(1)设定明确的目标。明确的目标是我们前进的方向,也是我们努力的动力。我们要根据自己的兴趣和特长,设定短期和长期的目标,并制定详细的计划和时间表。

(2)坚持学习。学习是提高自己能力的最好途径。我们要不断地学习新知识、新技能,提高自己的综合素质。同时,我们还要学会总结和反思,不断调整自己的学习方法和策略。

(3)培养良好的习惯。良好的习惯是我们成功的基石。我们要养成勤奋、自律、有计划的生活习惯,这样才能更好地利用时间,实现自己的目标。

(4)善于抓住机遇。机遇总是垂青于那些有准备的人。我们要时刻关注身边的信息和动态,抓住适合自己的机遇,勇敢地迈出成功的第一步。

(5)保持耐心和毅力。成功往往需要长时间的积累和努力,因此,我们要保持耐心和毅力,相信自己的努力终会换来成功的喜悦。

总之,时间是我们最宝贵的资源,如果没有时间,即使目标再远大、计划再详尽、能力再强,也是毫无意义的。如果你对今天的生活感到不满意,那么你应该反思几年前的行为;如果你希望在未来几年有所改变,那么从今天开始,就需要学会如何高效地利用时间。

复利思维

第一次就把事做对

日常生活中,我们经常听到这样一句话:"第一次就把事做对。"这句话的含义是,我们应该在第一次做的时候就尽可能地将事情做好,避免因为错误而浪费时间和精力。然而,这句话的重要性并不仅在于提醒我们节省时间和精力,而且在于告诉我们它与复利的关系。假如我们第一次就把事做对,那么我们就不需要花费额外的时间和精力去修正错误。这就像是我们在投资中获得了复利一样,我们的努力和时间将会被重新投资,进而产生更多的成果。例如,在学习新的知识或技能时,如果我们能够一开始就掌握正确的方法,那么我们在学习过程中就可以避免很多不必要的错误和挫折,从而提高我们的学习效率。反之,如果我们一开始掌握的就是错误的方法,那么我们就需要花费时间和精力去纠正这些错误,这就像是在进行复利投资一样,我们的收益会被我们的亏损所抵销。

"第一次就把事做对"是一种高效的工作理念,它强调的是在开始一项任务时,就要尽可能地做到最好,避免因为错误或疏忽而导致后续问题。这种理念可以帮助我们养成良好的工作习惯和态度。当习惯于在第一次就把事做对时,我们就会更加专注于我们的工作、更加重视我们的责任。这不仅可以提高我们的工作效率,节省时间

第二章
时间复利——让每一天的努力在未来均有收获

和精力,也可以提高我们的工作和生活质量。

李烨在一家公司做内勤,主要负责处理公司的日常琐事。有一次,老板的电脑屏幕频繁出现花屏,老板要他找人来修理。经过检查,修理人员发现故障原因是显卡的老化。修理人员更换了新的显卡后,电脑屏幕恢复了正常。然而,修理人员在检查过程中发现电脑的主机箱电源也存在一定问题,于是询问李烨是否需要更换一个新的电源。

李烨认为既然电脑已经修好了,也就没必要再动别的零件,再说自己还有别的事要办呢,哪有时间陪着。他决定等出了问题再说!于是,他就打发修理人员离去。修理人员走时,对他说:"现在不换,过一两个月后还是得换!"

一个月后,当老板使用电脑时,电脑突然关机了,而且怎么也开不了机。老板大发雷霆,叫来李烨:"你是怎么办事的!上个月才修了一次,现在就不能用了!上次修的时候彻底检查了吗?"

李烨回想起修理人员上次的建议,意识到自己的错误,立刻拨打电话请修理人员过来。然而,对方表示距离太远,而且连续几天的工作已排满。如果着急,只能自己将机器拿过去维修。无奈之下,李烨只好拆下电脑主机箱,拿着去了维修站。

你是否也和故事中的李烨一样,由于第一次未能圆满完成任务,不得不忙于纠正错误或进行补救,这使得工作由此变得更加繁忙和混乱,从而浪费了时间和精力。实际上,这样的情况几乎每天都会在我们的生活中发生:解决了旧问题,又产生了新问题、新错误!结果,弄得我们不停地改错,浪费了大量的时间和精力,而且容易忙中出错，最终形成恶性循环。我们宝贵的时间、精力就这样被浪费掉了！返工的浪费是最不值得的，因为第二次把事情做对既不快也不便宜！仔细想想这些，我们就理解了"第一次就把事做对"这句话的重要性。

"第一次就把事做对"的理念，不仅是一种追求完美的工作态度，更是一种能产生深远影响的涉及复利效应的智慧。这意味着正确的事情每重复一次，其价值和影响就会成倍增长。"第一次就把事做对"并不是说不可以犯错误，而是指对待工作要有一种第一次就做对的意识和态度。

有一家服装厂，近几年订单量高速增长。为此，老板几乎每年都要大量招工和扩大生产线，然而，尽管他在资金投入和经营管理上付出了很多努力，但有一个严重的问题一直没有解决——他的工厂总是不能按期完成任务。后经调查发现，这是由产品合格率低，不得不经常返工造成的。为彻底解决这个问题，老板召开了一次全体职工大会征询意见。一名一线员工提了个大胆的建议：取消返工的流程，将合格率直接与奖金挂钩。

这个建议遭到了管理层的质疑。因为取消返工流程，就意味着增加员工的工作压力，容易产生负面情绪。然而，在当前的情况下，没有其他可行的选择，老板决定尝试一下。令人惊讶的是，当取消返工流程后，工人们的反应是：第一次就把工作做对竟然如此简单！

短短三个月，这家企业的产量就实现了翻番，而产品质量并没有受到任何影响。

要提高效率，第一次就把事做对是非常有效的方法之一。当第

第二章
时间复利——让每一天的努力在未来均有收获

一次就把事做对时,我们避免了重复劳动的时间浪费,节约下来的时间可以被投入更有价值的事情上,从而产生更大的效益。这就是一种时间上的复利效应。唯有第一次就把事做对,做到符合要求,才能实现预期的效果和效率。"第一次"意味着效率,而"第一次把事做对"则意味着代价最小、质量最高、收效最大。通过第一次把事做对,人们可以达到提高效能与竞争力的目的。那么,如何做到"第一次就把事做对"呢?以下是一些实用的策略:

(1)充分准备。在开始一项任务之前,我们需要充分了解任务的内容和要求,做好充分的准备,包括收集相关的信息和资料,制订详细的计划,做出风险评估及解决方案。

(2)专注投入。当我们开始执行任务时,需要全神贯注,避免分心。只有当我们全身心地投入任务时,才能最大限度保证我们的工作不出差错。

(3)细心检查。工作中,我们需要不断地检查执行情况,确保符合任务要求。如果发现任何错误或疏忽,要及时修正。

(4)反馈和改进。在完成任务后,我们需要对工作进行反馈和改进,为后续工作积累经验,提供指导。

总之,第一次就把事做对是一种非常重要的工作和生活原则,可以帮助我们节省时间和精力,可以帮助我们养成良好的工作习惯和态度。同时,也体现了复利的力量,即我们的努力和时间将会被重新投资,从而产生更多的成果。因此,我们应尽可能地在第一次就把事做对,以此来利用复利的力量提高我们的效率、扩大我们的工作成果。

复利思维

学会专注：一次只做好一件事

日常生活中，我们的注意力常常被各种各样的事物所分散，导致我们无法专注于一件事情上。然而，如果我们能够学会专注，就能够更好地利用复利的力量。例如，每天都专注于一件事情，那么就会逐渐积累经验和技能，从而提高工作效率。当持续而反复地把精力投入某一领域时，时间越长，收效就越会像滚雪球般越滚越大。

专注既是一种态度，也是一种能力，它可以帮助我们集中精力于真正关心的事情上，而不是被无关的事物分散注意力。英国作家查尔斯·狄更斯曾经说："心志专一可以使任何一种学习取得成效，这种方法是唯一有效并经得起考验的方法。我可以坦诚地告诉你，我自己构造的小说或进行的想象，都得自我所养成的工作习惯。我对非常普通甚至最不起眼的事情进行全神贯注的思考，并且一天都不间断，再将写成后的稿子改了又改，反复斟酌推敲。"一次，有人问狄更斯，他是怎样取得成功的，狄更斯回答说："我从来不对那些应该全力以赴的事情掉以轻心，这就是我成功的秘诀。"

一个专注的人往往能够把自己的时间、精力和智慧凝聚到正在做的事情上，从而最大限度地发挥积极性、主动性和创造性，提高

第二章
时间复利——让每一天的努力在未来均有收获

效率，实现自己的目标。

马云自创立阿里巴巴以来，始终致力于为中国所有中小企业提供网上电子商务服务。他从未动摇过自己的信念，即使在2000年前后网络泡沫破裂的时期，马云依然坚持自己的这种理念不动摇。这种对事业的执着和专注，是大多数人所缺乏的。

2003年，"阿里巴巴"的股东、"软银集团"总裁孙正义召集了他投资的所有公司的经营者们开会。每位经营者都被分配了5分钟的时间来介绍自己公司的运营状况。当马云陈述完后，孙正义做出了这样的评价："马云，你是唯一三年前对我说，现在仍然这样说的人。"

马云说："我想告诉大家，创业、做企业，其实很简单……我想做什么事情，我想改变什么事情，想清楚之后，永远坚持这一点。"

在2005年的雅虎（中国）员工会议上，马云明确表示，一旦阿里巴巴接手雅虎（中国），公司将专注于电子商务领域。对与电子商务无关的业务，阿里巴巴将不会涉足。马云认为，人的一生中会面临许多挑战和机遇，因此必须有所专注。如果涉足的领域过多，就会导致混乱。

"思科"总裁钱伯斯曾如此评价马云："马云是有才干的，他最大的优势就是专注，这在互联网公司中是很难得的。"正是马云的这种专注精神，让阿里巴巴从最初的B2B电子商务平台，发展到后来的淘宝、天猫等电商平台，再到现在的云计算、大数据等新兴业务，这些都是围绕着电子商务这个核心展开的。阿里巴巴始终坚持自己的主业，不断精耕细作，最终成为全球最大的电子商务公司之一。

复利思维

在当今这个信息爆炸的时代，企业面临着各种各样的挑战和机会。只有把握住自己的核心竞争力，专注于自己的主业，才能在竞争中取得优势，实现持续发展。

专注是一种巨大的力量，是复利效应得以发挥的关键。一个人如果能够长时间专注于某个领域或技能，不断深化和完善自己的知识体系和实践经验，那么他在这个领域的成就将会随着时间的推移而呈现指数级增长，正如哈佛大学的第二十二任校长洛厄尔所说："想让一个人的大脑处于最佳的状态，那么就让它不间断地处理一件事情，这样专注地去做、去想，最后必定会取得最好的成效。"

成功没有捷径可走，成功来自专注。人的精力总是有限的，卓越者可能一生要做很多事情，但在一段时间内，只有集中精力投入一个目标，才容易成功。

两个学生选择奕秋作为他们的棋艺导师。其中一个学生在每次课程中都全神贯注，全心全意地聆听奕秋对棋道的讲解，而另一个学生在上课时总是心不在焉，心思散漫，经常被外界的事物所干扰。一次，一群天鹅从他们头顶飞过时，那个专心致志听课的学生没有抬头，完全沉浸在棋道的学习中，而那个心不在焉的学生虽然表面上看似也在听课，但飘忽的眼神表明他的心思已经转移到那群天鹅身上了。后来那个专心致志听讲的学生成为一名杰出的棋手，而另一个学生却一事无成。

世界上无数的失败者之所以没有成功，不是因为他们才能不够，而是因为他们朝三暮四，不一心一意做事，他们喜欢东学一点、西学一下，尽管忙碌了一生却始终不专注，结果，到头来什么事情也

第二章
时间复利——让每一天的努力在未来均有收获

没做成,更谈不上有什么成就。具有复利思维的人大多具有专注的特质,懂得把精力集中在一件事上,最终有所收获。

面对世界上形形色色的诱惑,最有效的抵御方法就是专注。专注可以明辨是非、可以坚定信念,更可以创造奇迹。那么,如何通过专注来实现复利呢?以下是一些建议:

(1)设定明确的目标。你需要设定你的投资目标或职业发展目标。这些目标应该是具体的、可衡量的、可达成的和有时间限制的。让这些目标指引你前进。

(2)制订计划。一旦设定了目标,就需要制订详细的计划来实现。这个计划应该包括需要做什么、如何去完成以及何时完成等。

(3)保持专注。在计划执行过程中,你需要保持专注。这意味着你要避免被不相关的事物分散注意力,集中精力在真正关心的事情上。

(4)定期评估和调整。执行计划的过程中,需要定期评估执行情况,并根据需要调整计划和修正错误。这可以帮助你一直走在正确的道路上,同时也可以帮助你发现并解决任何可能阻碍你实现目标的问题。

总的来说,学会专注是实现复利的重要一环。只有当你集中精力在你真正关心的事情上时,你才能充分利用复利的力量,实现你的目标。因此,无论你是在投资,还是在个人成长和职业发展中,都应该努力提高你的专注力。

复利思维

盘活那些零碎时间

人在一生中除了有连续的学习、工作时间外，还有许多零碎的时间，如等车、排队购票、走路、睡觉前、睡醒后等，这样的时间就叫"零碎时间"。

生活中，很多人都不重视零碎时间，致使它们常常在无意间"溜走"。但实际上这些时间集合起来也是一笔巨大的财富，我们可以利用这些零碎时间学习新知识，提升自己的技能，或者进行一些有益的活动。虽然每次投入的时间可能不长，但是如果我们能够持续地、有计划地利用这些时间，那么这些零碎的时间就会像复利一样，"积累"出巨大的价值。以阅读为例，许多人认为阅读需要大段的时间，而忽略了等车、排队等场合的零碎时间。若每天利用这些时间阅读十几分钟，一年下来就能积累数百小时的阅读量。这种日积月累的过程，不仅能够增长知识，还能培养深度思考的习惯。

鲁迅先生说过，时间就像海绵里的水，只要挤就会有。大段时间固然应该珍惜，零碎时间也绝不能白白浪费。大凡有所成就的人都善于利用零碎的时间。我国著名数学家苏步青教授经常利用零碎时间进行创作，他曾表示："别看时间零碎，分分秒秒的时间好比'零头布'，只要充分利用，能做不少事呢。"达尔文也曾说过："我从不认为半小时是微不足道的一段时间。"他写《物种起源》时,从未有过5分钟的闲暇。爱因斯坦也是一个善于利用零碎时间的科学家,他曾在等待朋友的间隙里散步思考,成功解决了一个重要的数学问题。

其实,每个人一天的时间都是一样多的,只是善于利用零碎时间的人,能得到更多的时间和益处。如果你可以做到充分利用零碎时间,那么积少成多也可以做很多事情。

王芳是一位钢琴教师。有一天,她给学生上课的时候,忽然问学生,每天花多少时间练琴。

学生们的回答各不相同,有的说每天练琴1小时,有的说2小时,还有的说3小时以上。

王芳听了之后,告诉学生:"不,不要这样。"她说:"当你们长大成人后,你们会发现自己的时间变得越来越宝贵。因此,养成一个良好的习惯非常重要。每当有空闲的时候,比如上学前、午饭后或者休息时,都抽出几分钟的时间练习钢琴。将练习时间分散在一天中,这样弹钢琴就会成为日常生活的一部分。这样做的好处是,可以在日常生活中不断地提高自己的钢琴技能,而不需要专门腾出大量的时间来练习。同时,这种持续的练习方式也有助于巩固你的技巧和记忆。"

当时,有一个叫林超的孩子对王芳老师所说的道理未加注意,但后来回想起来发现真是至理名言,尔后他从中得到了不可估量的益处。

当林超在师范大学教书的时候,他想兼职从事写作。可是上课、看卷子、开会等事情把他大部分时间占满了。差不多有两年他一字

复利思维

未动,借口是没有时间,这时,他想起了王芳老师当年说过的话。

林超意识到,他不能再找借口了,于是,他开始尝试在每天的闲暇时间里进行创作,比如午饭后、下班后或其他零碎时间。虽然每次可能只有短短的十几分钟,但随着时间的推移,这些零碎的时间累积起来,竟然为他的创作提供了充足的时间。

渐渐地,林超发现他的创作进度开始加快,作品的质量也有了明显的提高。他不再抱怨没有时间创作,而是学会了如何利用好每一刻的空闲时光。他的授课工作虽然十分繁重,但是每天仍有一些可利用的零碎时间。他发现每天短暂的间歇时间,对他的创作有着非常大的助益。

零碎时间虽小,但积累起来的力量不容小觑。零碎时间的价值并不在于它的长度,而在于我们如何使用它。当我们有意识地将这些时间用于自我提升时,它们就能像雪球一样越滚越大,最终形成不可小觑的力量。

其实,大多数人有很多零碎时间,就算把工作和生活安排得再怎么井然有序,也总是会在无意中多出一些零碎时间。很多人都浪费了这些零碎时间,而没有将这些零碎的时间一点一滴积累起来做一些事情。如果可以做到将每一点零碎时间都充分利用好,那么它们就会像复利一样,随着时间的推移,积累的价值会越来越大。

据统计,人的一生中除 1/3 时间用于工作、生产,1/3 时间用于休息睡眠外,还有 1/3 的业余时间。这些业余时间大多为零碎时间,只要好好利用这些时间,我们就能够在忙碌的生活中找到更多学习和成长的机会,为我们的人生增添更多的色彩和价值。

首先,我们可以利用这些零碎的时间来学习新的知识。现在社

第二章
时间复利——让每一天的努力在未来均有收获

会发展非常快,我们需要不断地学习新的知识来适应社会的发展,而学习新的知识并不一定需要大段的时间,可以利用零碎的时间来阅读一些文章,或者听一些有声书、讲座等。这样不仅可以提高我们的学习效率,也可以让我们的生活变得更加丰富多彩。

其次,我们可以利用零碎的时间来进行思考。在日常生活中,我们经常会遇到一些问题,需要我们去思考和解决。而这些问题往往不是一下子就能解决的,需要我们花费一些时间去思考。而零碎的时间非常适合我们进行思考。我们可以在等公交车的时候,思考一下工作中遇到的问题;在排队买票的时候,思考一下生活中的困扰;在午餐后的休息时间,思考一下未来的规划。

此外,我们还可以利用零碎的时间来进行锻炼。健康是我们生活的基础,而锻炼是保持健康的重要方式。我们可以在等公交车的时候,做一些简单的运动,比如伸展、深呼吸等;在排队买票的时候,做一些简单的体操;在午餐后的休息时间,进行一些有氧运动。这样不仅可以提高我们的身体素质,也可以让我们的心情变得更加愉悦。

总之,零碎时间就像复利一样,只要我们能够有效地利用起来,就能够创造出巨大的价值。我们应该珍惜并充分利用自己的每分每秒,让生活变得更加充实和有意义。

复利思维

做好计划就成功了一半

复利的实现并非一蹴而就,它需要我们有足够的耐心和毅力,更需要我们有明确的计划和准备。在生活中,我们常常听到这样一句话:"种一棵树最好的时间是十年前,其次是现在。"这句话告诉我们,无论做什么事情,都应该提前做好计划和准备。

制订计划本身就是一种对未来的投资。当我们为达成一个目标而制订计划时,我们投入的是时间、精力还有资源。这些投入在初期可能看不到明显的回报,但正如复利的运作方式,只要我们坚持不懈地执行计划,这些投入最终就会产生巨大的效益。例如,你想要提高英语水平,需要提前制订一个学习计划。这个计划可能包括每天掌握一定的单词量,每周阅读几篇英文文章,每月参加一次英语交流活动等。只要你坚持执行这个计划,你的英语水平就会逐渐提高。而且,随着时间的推移,你的英语水平提高的速度会越来越快。这就是"计划产生的复利"。

计划是实现目标的重要手段。在开始任何事情之前,制订详细的计划是非常重要的。它不仅可以帮助我们更好地理解我们需要做什么,还可以帮助我们更有效地完成任务。所谓"一等人计划明天的事,二等人处理现在的事,三等人解决昨天的事",养成事前计划

第二章
时间复利——让每一天的努力在未来均有收获

的习惯,是所有成功人士的共同特色。

古人讲:凡事欲则立,不欲则废。无论做任何事,事先都要有周密的计划、明确的目标,才可能把事情办好。一位成功人士曾这样建议:"你应该在一天开始工作之前,制订一个计划,仅需20分钟就可以制订出一天的高效工作流程。有无计划性是衡量一个人工作有无效率的重要标准之一。"计划好比一张交通图,能使工作或者项目以最简洁有效的方式进行。

美国总统罗斯福是一个非常注重计划的人。他深知时间的重要性,因此总是将自己所要做的事情详细地记录下来,并制作一个详细的计划表。这个计划表不仅包括了他需要做的事情,还列明了他在某段时间内要完成的具体事项。

通过这样的方式,罗斯福能够更好地管理自己的时间,确保每项工作都能按时完成。他会在每天早晨或者前一天晚上花一些时间来回顾和更新自己的计划表,以确保自己不会忘记任何重要的事情。

罗斯福的计划表不仅仅是一个简单的待办事项清单,还涵盖了他对每个任务的优先级和重要性的判断。他会根据自己的工作安排和目标,将任务按照紧急程度和重要性进行排序,以确保自己能够优先处理最重要的事情。

此外,罗斯福还会在计划表中留出一些弹性时间,以应对可能出现的意外情况或者突发任务。他知道生活中总会有一些不可预测的因素,因此他不愿意将自己完全束缚在计划表中,而是给自己留一些余地来应对变化。

事实上,罗斯福的计划表是他成功的要素之一。通过有条不紊地按照计划行事,他能够更好地掌控自己的时间和资源,提高工作效率。他能够清晰地知道自己应该在什么时候做什么事情,避免了拖延和浪费时间的情况发生。这种有条不紊的工作方式使他能够高效地完成任务，由此取得了许多重要的成就。

科学的计划和方案就像是火车的轨道，有了轨道，火车才能够安全顺利地前进，而没有轨道，火车势必寸步难行。

好的计划是成功的开始。只有事前拟定好了行动的计划，梳理贯通了做事的步骤，做起事来才会应付自如。凡事三思而后行，事前多想一步，事中会少一些盲区。心中有蓝图，才能够临阵不乱，稳扎稳打地获得成功。

有个名叫约翰·戈达德的美国人，15岁的时候，便为自己制定了一份详尽的人生规划，被人们称为"生命清单"。在这份排列有序的清单中，他给自己列出了所要攻克的127个具体目标。比如，探索尼罗河、攀登喜马拉雅山、读完莎士比亚的著作、写一本书等。44年后，他以超人的毅力和非凡的勇气，在与命运的艰苦抗争中，终于按计划，一步一步地实现了106个目标，成为一名卓有成就的电影制片人、作家和演说家。

计划是为了实现目标而制定的步骤和策略。按计划的行动和努力都会推进我们靠近目标。不仅可以帮助我们更快地实现目标，而且还可以帮助我们在面对困难和挑战时，有信心和力量去克服。

无数事例证明，有计划做事，往往会事半功倍；无计划做事，则事倍功半。但是，有些人仍然固执地不愿意在行动前制订计划，并抱怨说："有什么好计划的？不就是那样吗？"还有一些人认为行动是主要的，计划是浪费时间和精力，不如用计划的时间去做事情，所以即使让他们制订计划也常常敷衍了事。

想一想，在通往成功的道路上，你是否也存在上述的想法？如果答案是肯定的话，请克服这个缺点，学会有计划地做事，否则你将会离成功越来越远。

以下是制订计划的一些步骤和建议。

（1）确定目标：需要明确你的目标是什么。这个目标可以是长期的，也可以是短期的。例如，你可能想要提高你的英语水平，或者你可能想要在下一个季度完成一个重要的项目。无论目标是什么，都需要明确下来。

（2）分析现状：对你现在的状况、能力和资源进行深入分析。这将帮助你了解你需要做什么来实现你的目标。

（3）制定策略：根据你的目标和现状，制定一个实现目标的策略，包括学习新的技能，寻找资源，或调整你的日常习惯。

（4）制定时间表：为你的策略制定一个时间表。这将帮助你跟踪进度，有利于你在预定的时间内完成计划。

（5）执行计划：开始执行你的计划。这可能是计划中最困难的部分，因为它需要你付出时间和努力。但是只有通过执行，你才能实现目标，所以，别无选择。

（6）监控进度：定期检查你的进度，看看你是否正在按照计划进行。如果发现进度迟缓，需要找到原因并采取措施。

（7）调整计划：如果发现计划不适合需求，或者本身的情况发生了变化，就需要及时调整计划。记住，计划是为了帮助你，而不是限制你。

第三章

习惯复利

——习惯千差万别,未来天壤之别

复利思维

成功从良好的习惯开始

如果我告诉你,用一根小小的柱子和一段细细的链子,就可以牵制一头重达千斤的大象,你敢相信吗?

这不是痴人说梦,这是事实,这样的场景在印度和泰国随处可见。那些驯象人,在象还是幼崽的时候,就用一条坚固的铁链将其束缚在水泥柱或钢柱上。无论小象如何努力挣扎,都无法摆脱束缚。随着时间的推移,小象逐渐习惯了不再挣扎,即使长成为大象,可以轻松挣脱链子时,也不再尝试挣脱。这就是习惯的力量。

常言道:习惯成自然。习惯一旦形成,就会成为一种定型性的行为,就会变成一种自觉需要,不需要别人的提醒,不需要别人的督促,也不需要自己意志力的支撑,变成了一种自动化的动作和行为。

调查表明,人们日常 90% 的行为源自习惯。习惯的影响是深远而广泛的。俄罗斯教育家乌申斯基对习惯做了一个形象的比喻,他说:"好习惯是人在神经系统中存放的资本,这个资本会不断地增长,一个人毕生都可以享用它的利息。而坏习惯是道德上无法还清的债务,这种债务能以不断增长的利息折磨人,使他最好的创举失败,并把他引到道德破产的地步。"概括来讲:一个人如果养成了好的习惯,会一辈子享受它的利息;而要是养成了坏习惯,就会用一辈子来

第三章
习惯复利——习惯千差万别，未来天壤之别

偿还它的债务。这就是习惯！

习惯是我们生活中不可或缺的一部分，只有养成良好的习惯，才能像投资一样，让习惯为我们带来丰厚的回报，实现复利增长。比如，我们每天都坚持运动，这种习惯就像是我们用来投资的本金。随着时间的推移，我们会发现自己的身体状况越来越好，这就是我们通过坚持运动所获得的复利。再比如，我们每天都坚持阅读，随着时间的推移，我们会发现自己的知识越来越丰富，思维越来越敏捷，而这就是我们通过坚持阅读所获得的复利。

1998年5月，沃伦·巴菲特和比尔·盖茨应邀去华盛顿大学演讲。当学生们问到"你们怎么变得比上帝还富有"这一问题时，巴菲特说："这个问题非常简单，原因不在智商。为什么聪明人会做一些阻碍自己发挥全部功效的事情呢？原因在于习惯。"比尔·盖茨对此也深表同感："我认为沃伦关于习惯的话完全正确。"

一对殊途同归的好朋友道出了自己成功的诀窍：习惯决定成功。北京大学心理学博士卢致新也说："习惯一直在起作用：一个人习惯于懒惰，他就会无所事事地到处溜达；一个人习惯于勤奋，他就会孜孜以求，克服一切困难，做好每一件事情。"这也就是为什么我们经常看到，成功的人似乎永远成功，而失败的人似乎永远失败。

习惯的力量无比巨大，它经年累月影响人的生活态度、思维方法和行为模式，甚至左右一个人一生的成败。一旦你养成了一个良好的习惯，这个习惯就会像利息一样，不断地积累和增长，最终带来巨大的回报。佐证了今天的习惯决定明天的命运这句至理名言。世界著名心理学家威廉·詹姆士说：播下一个行动，收获一个习惯；播下一个习惯，收获一种性格；播下一种性格，收获一种命运。如果有幸养成好习惯，将会终身受益。

复利思维

在人类探索宇宙的历程中，尤里·阿列克谢耶维奇·加加林的名字熠熠生辉。作为世界上第一个进入太空的人，他的成就和贡献是无可争议的。然而，许多人可能并不知道，加加林是如何被选为航天员的。这个荣誉不是每个人都能得到的，加加林能在20多名宇航员中脱颖而出，是一个良好的习惯成全了他。在确定人选时，20多个候选人实力相当。在演习之前，主设计师发现，在这些候选人中，只有加加林一个人是脱了鞋进入机舱的，其实脱鞋进入机舱只是加加林的个人习惯，他怕弄脏机舱。主设计师看到有人对他付出心血和汗水的飞船这么倍加爱护，当时非常感动，于是，当即决定让加加林执行试飞。

看似偶然的成功，但却有着必然的因素。若加加林没有养成良好的习惯，他也注定与成功无缘。这就是习惯的复利效应，它就像是一种魔法，可以让你的人生发生巨大的变化。但是，这种魔法并不是随便就能施展的，它需要你的坚持和毅力。只有当你养成良好的习惯时，才能真正收获习惯的复利。所以，我们想要获得事业上的成功和生活的乐趣，就必须养成良好的习惯，同时应时时警惕，去除那些危害我们生活的坏习惯。

要改变不良习惯，培养良好习惯，只需遵循以下三个步骤：

首先，要明确区分哪些是好习惯，哪些是坏习惯。这是最简单明了的一步，每个人内心都对此有清晰的认识。

其次，要决定你是否愿意进行改变。这个问题令人困扰，因为绝大多数人对改变感到恐惧，他们更愿意保持现状。尽管他们对当前的状况并非完全满意，但当需要采取行动时，他们往往会选择退缩。要记住，如果你无意做出改变，那么你将只能眼睁睁地看着他人取得成功，而你却仍然停留在原地。

第三章
习惯复利——习惯千差万别，未来天壤之别

最后，要行动起来。对于已经形成的优良习惯，我们需要持续保持；对于不良的习惯，我们要坚决摒弃；对于那些尚未养成的优良习惯，我们需要用心去培养。我们可以从日常的小事开始，逐步推进，循序渐进。如赴约时，至少要提前五分钟到达；如当决定做一件事时，就要立刻行动起来……

总之，习惯是一种强大的力量，它可以让我们的人生发生巨大的变化。我们应该珍惜这种力量，养成良好的习惯，让自己的能力像滚雪球一样，越滚越大。只有这样，我们才可能真正实现自己的梦想，获得人生的嘉奖。

复利思维

自律的程度，决定人生的高度

人生如同一场马拉松，每个人都在为了自己的目标而奋力奔跑。然而，有的人在起跑线上就已经领先，有的人却在途中迷失方向。这其中的差别，往往就在于是否拥有自律。只有高度自律，人生才可能实现复利的积累。

罗斯福曾说："有一种品质可以使一个人在碌碌无为的平庸之辈中脱颖而出。这个品质不是天资，不是教育，也不是智商，而是自律。"

什么叫自律？简单来说，就是指一个人自我管理和控制自己行为情绪的能力。一个自律的人能够设定明确的目标，并制定相应的计划和策略来实现这些目标。自律的人更容易理解和运用复利的原理，为自己创造一个美好的未来。自律的人往往能够克服拖延和诱惑，懂得通过长期坚持和持续努力来实现目标。自律的人通常具有高度的责任感和自我驱动力，能够按时完成任务，遵守规则和约定，有良好的习惯和行为模式。通过自律，一个人能够更好地管理自己的时间和精力，提高工作效率和生活质量。

美国西点军校曾培养出1000多名董事长，2000多名副董事长、总经理、董事一级的5000多名，超过美国任何一所商学院。这些优秀的商界领袖终生都奉行西点军校的一句至理名言：没有任何借口。不为自己找借口，不放纵自己的欲望，是最严格的自律。而正是这种自律，使他们带领企业跻身世界500强。

对于自律，被誉为"经营之神"的松下电器创始人松下幸之助曾说过这样一句话："登峰造极的成就源于自律。"自律的力量主要在于它的积累效应。每一次的自我控制和自我管理，都是对自律能力的一次锻炼和提升。随着时间的推移，这种能力会越来越强，从而让我们在面对困难和挑战时更加从容不迫。没有自律，我们很难坚持长期的学习和实践，也就无法享受到复利效应。

富兰克林，美国"开国三杰"之一，备受美国人民尊敬，他不仅在发明领域获得了卓越的成就，同时也是一位杰出的政治家和成功的商人。在自传里，他坦言自己是个自律的人，他在书中列举了13项自律要求：

（1）节制。食不过饱，饮酒不醉。

（2）沉默寡言（缄默）。言则于人于己有益，避免无益的聊天。

（3）生活有秩序。各样东西放在一定的地方，各项日常事务应有一定的处理时间。

（4）决断。事情当做必做；既做则坚持到底。

（5）俭朴。花钱于人于己有益，即不浪费。

（6）勤劳。不浪费时间，只做有用的事情，戒除一切不必要的行动。

（7）诚恳。不欺骗人；思想纯洁公正。

（8）正直。不做不利他人之事，切勿忘记履行对人有益的义务和承诺。

（9）中庸。勿走极端；受到不公正的对待，以合适的方式解决。

（10）清洁。身体、衣服和住所应力求干净整洁。

（11）宁静。不要为琐事烦恼，力求内心平静。

（12）贞节：仅为健康或生育的目的行房事。爱惜身体，不要损害自己或他人的安宁与名誉。

（13）谦逊：向耶稣和苏格拉底学习。

其实，富兰克林这13项自律要求，也从侧面反映出我们人性的弱点，这些弱点他一样不少，可是他用自律克服了。

有句话说得好，律己者律世，志高者品高。当一个人到了这样的境界，将变得非常强大。众多事例证明：能高度自我控制的人——高度自律的人——通常能取得较高的成就，如取得更高的成绩、创造更好的事业、拥有更健康的身体、享受更安全的人际关系。所以，一个成功的人，首先是一个成功的自我管理者，一个能够自我约束、自我克制的人。

自律，不仅仅是一种行为规范，更是一种生活态度。自律的人，能够坚持自己的原则，不受外界干扰，始终保持清醒的头脑和坚定的信念。他们懂得运用复利的力量，把每一天的时间看作一种投资，通过不断的学习提升自己，让自己的价值不断增长。他们知道，只有通过不断的努力和积累，才能实现自己的人生目标。古今中外成大事者，无不拥有自律的品格。

作为商业巨头和慈善家，李嘉诚以其卓越的商业智慧和成功的事业而闻名于世。在他成功的背后，自律发挥着重要的作用。

首先，李嘉诚在个人生活方面展现了极高的自律性。他保持良好的作息习惯，注重健康饮食和适度的运动。这种自律的生活方式使他保持了良好的身体和精神状态，为他的事业发展奠定了坚实的基础。

第三章
习惯复利——习惯千差万别，未来天壤之别

其次，李嘉诚在工作中也展现出了出色的自律性。他以严谨的工作态度和高效的工作方法著称。他注重细节，对每一个工作任务都严格要求，从不马虎敷衍。他善于制定目标和计划，并且坚持不懈地追求卓越。这种自律的态度使他能够在工作中保持高度的专注和效率，进而取得了卓越的业绩。

此外，他非常重视自我反省，他不断审视自己的行为和决策，并及时调整自己的计划和策略。他始终保持积极的心态和良好的习惯。

人有多自律，就会有多成功。自律的人能够克制自己的欲望，善于律己，不做欲望的奴隶。李开复教授曾说："千万不要放纵自己，给自己找借口。对自己严格一点，时间长了，自律便成为一种习惯、一种生活方式，你的人格和智慧也因此变得更加完美。"一个人要主宰自己，就必须对自己有所约束、有所克制。因为毫无节制的活动，无论属于什么性质，最后必将一败涂地。

自律的行为会带来积累的效果，就像投资中的复利一样，每一期的利息都会被加入本金中，使得总值不断增大。同样，每一次的自律行为，都会使我们的习惯、能力和素质得到提升，从而在未来的生活和工作中，产生更大的效益。

总之，自律是实现复利效应的关键因素之一。通过自律，我们能够建立良好的习惯和行为模式，坚持学习和提升自己，不断积累知识和经验。这种持续的积累和投资将会在未来产生巨大的回报，使我们的个人价值得到不断提升。

无论是在个人生活还是职业发展中，自律都是我们不可或缺的品质。让我们从现在开始，培养自律的习惯，享受自律所带来的长期益处吧！

复利思维

岁月不会辜负每一分坚持

要实现复利效应，坚持是必不可少的。在投资过程中，我们可能会面临各种挑战和困难，例如市场的波动、政策的变化等。这些因素可能会让我们产生动摇和犹豫，甚至想要放弃。但是，只有坚持下去，才能充分利用复利的力量，实现财富的长期增长。

如果你渴望在成功的道路上实现复利效应，同样需要坚持。成功是一个持续行动的结果，只有坚持沿着一条路努力往前走，才有可能取得成功，相反，如果仅仅是走上了成功的道路而不坚持一直走下去，那么即使之前已经有所收获，最终的结果也往往是半途而废。

法国启蒙思想家布封曾说："天才就是长期的坚持不懈。"我国著名数学家华罗庚也曾说："治学问，做研究工作，必须持之以恒……"的确，无论我们干什么事，要取得成功，坚持不懈和持之以恒的精神都是必不可少的。

拳王阿里是一位传奇人物，他以无与伦比的拳击技巧和坚韧不拔的精神，成为世界拳坛的一代宗师。他辉煌的背后，是无数次的坚持与努力。

第三章
习惯复利——习惯千差万别，未来天壤之别

阿里出生于美国肯塔基州一个贫穷家庭，从小就饱受贫困和种族歧视的困扰。然而，这并没有击垮他，反而激发了他内心深处的斗志。他立志通过自己的努力，改变自己的命运。为实现这个目标，阿里从小就开始刻苦训练，不断提高自己的拳击技能。

阿里的拳击生涯并非一帆风顺。成名之前，他遭遇过多次失败，甚至一度被人们认为已经走到了职业生涯的尽头。然而，阿里从未放弃过。他坚信，只要自己坚持不懈地努力，总有一天会实现自己的梦想。正是这种坚定的信念，支撑着他一次又一次地站起来，继续前进。

在拳击生涯中，阿里曾多次面临生死考验。有一次，他在比赛中被对手击倒，几乎失去了意识。然而，在教练和观众的鼓励下，他顽强地站了起来，继续与对手搏斗。最终，他凭借顽强的毅力和出色的技巧，成功击败了对手，赢得了比赛。这场比赛成为阿里职业生涯的一个重要转折点，也让他赢得了全世界的尊重。

可以说，拳王阿里的成功源于他坚定的信念和不懈的努力。正是持之以恒的努力，让他成为一个传奇人物，永远留在了人们的心中。

坚持是成功的关键。在人生的道路上，我们常常会遇到各种困难和挑战。有时候，我们可能会感到疲惫和无力，甚至想要放弃。然而，只有坚持下去，我们才能看到持之以恒带来的复利效应。因为，只有通过不断的努力和积累，才能真正实现我们的目标。法国微生物学家巴斯德有句名言："告诉你使我达到目标的奥秘吧，我唯一的力量就是我的坚持精神。"成功的秘诀在于你是否能够持之以恒。任何伟大的事业，成于坚持不懈，毁于半途而废。成功与失败之间就

复利思维

只有短短的距离，一个人能否成功就在于能否坚持到最后。

意大利著名男高音歌唱家卢西亚诺·帕瓦罗蒂在回顾自己走过的成功之路时说："当我还是个孩子时，我的父亲——一个面包师，就开始教我学习唱歌。他鼓励我刻苦练习，培养嗓子的功底。后来，在我的家乡意大利的蒙得纳市，一位名叫阿利戈·波拉的专业歌手收我做他的学生。那时，我还在一所师范学院上学。毕业时，我问父亲：'我应该怎么办？是当教师还是成为一个歌唱家？'我父亲这样回答我：'卢西亚诺，如果你想创造人生的辉煌，就要坚持不懈地向前走，你应该选定你的人生走向。'我将成为一名歌唱家当作我人生的远大目标。经过七年的学习，我终于第一次正式登台演出。此后我又用了七年的时间，才得以进入大都会歌剧院。现在我的看法是：不管我们选择何种职业，都应有坚持不懈的精神。"

坚持如同一种复利效应。当我们坚持不懈地去做一件事情时，我们所付出的努力就会像利息一样不断地积累起来。这些积累起来的努力，就是我们的"本金"。而当我们的这些努力转化为实际的成果时，这些成果就是我们的"利息"。这些利息会再被投入我们的本金中，使我们的本金不断增值，进而让我们的回报更大，这就是坚持的复利效应。

人生就像马拉松，获胜的关键不在于瞬间的爆发，而在于途中的坚持。你纵有千百个借口放弃，也要给自己找一个坚持下去的理由。很多时候，成功就是多坚持一分钟，坚持一分钟不放弃，下一分钟就会有希望。

然而，坚持并不是一件容易的事情。在追求目标的过程中，我们往往会遇到各种困难和挫折。有时候，我们甚至会对自己产生怀疑，开始质疑自己是否能够实现目标。这个时候，我们需要的就是

第三章
习惯复利——习惯千差万别，未来天壤之别

复利的智慧——只要我们有足够的耐心和毅力，即使我们现在的努力看起来微不足道，但是只要我们坚持下去，这些努力就会像雪球一样越滚越大，最终会带来惊人的成果。马云曾说过："我永远相信，只要永不放弃，我们还是有机会的。"正如他所说，他的创业之路也经过了一波三折，几经弹尽粮绝，但最后还是坚持了下来。

海博翻译社是马云在1994年创办的一家公司，最初只有几个员工。公司的业务发展非常缓慢。第一个月的收入只有700元，而房租每个月却要2400元。入不敷出使得公司陷入了严重的财务困境。很多朋友劝马云别瞎折腾了，就连他的几个合作伙伴也开始动摇了。但是马云没有放弃，他靠去推销小商品来维持翻译社的运营。在马云的努力和坚持下，海博翻译社不但成功存续下来，还一度发展成为杭州最大的专业翻译机构。

马云在创办中国黄页时面临资金不足的问题。当时，他和几个朋友一起凑了2万元作为启动资金。这笔钱对于一个网络公司来说显然是远远不够的。很多人都说，做网络公司，没个几百万上千万的钱是玩不转的。中国黄页创办初期，由于开支大，业务又少，最凄惨的时候，公司银行账户上只有200元现金。但是马云以他不屈不挠的精神，坚持了下来，把营业额从零做到了几百万元。

马云在创立"阿里巴巴"的时候，每个成员工资只有500元，一分钱恨不得掰成两半来用。外出办事，发扬"出门基本靠走"的精神。据说有一次，出去买东西，东西很多，实在拿不动，只好打出租车。大家在马路上向出租车招手，过来的是桑塔纳出租车，就摆手不坐，一直等到来了一辆夏利出租车，才坐上去，因为夏利出租车的费用便宜。有一段时间，阿里巴巴因为资金的问题，几乎维

复利思维

持不下去。但是，马云和他的创业团队没有放弃，坚持了下来，这才有了后来大名鼎鼎的"阿里巴巴"。

  马云之所以能够取得如此卓越的成就，就在于他在创业的路上，不管面对什么样的困难，都坚持下来了。在他看来，"有时候死扛下去就会有机会"。没有一种成功不需要坚持。当你为自己的梦想付出努力的时候，就要为此做好打"持久战"的准备。只有坚持不懈、不轻易放弃，才能获得最终的成功。坚持的力量，如同复利的积累，是一种不断深化和扩大的力量。当你持之以恒地追求目标时，你每一次的努力都会为你带来更多的成果和回报。

  奥格·曼狄诺指出："人人都渴望成功，然而成功并非唾手可得。我们常常忘记，即使是最简单、最容易的事，如果不能坚持下去，成功的大门也绝不会轻易地开启。除了坚持不懈，成功并没有其他秘诀。"世上的事，只有不断努力去做，才有成功的可能。哪怕再苦、再难，只要我们坚持不懈，就有希望，就有成功的可能。

第三章
习惯复利——习惯千差万别，未来天壤之别

你缺的不是力气，而是毅力

毅力是一种强大的品质，它能够引发类似复利的积极效应。当我们拥有毅力时，我们能够坚持不懈地追求目标，不断努力并克服困难。这种持之以恒的努力会逐渐积累起来，最终产生显著的复利效果。

在人生的道路上，我们会遇到各种各样的困难和挑战。有时候，我们可能会感到无助和绝望，甚至想要放弃。然而，只有坚持下去，我们才能看到最后的成功，而这需要强大的毅力。没有毅力，很难坚持下去。毅力能够像复利一样，让我们把一点一滴的付出都累积起来，最终汇聚成巨大的力量。一个销售员每天都坚持拜访客户，虽然短期内可能看不到明显的效果，但长期来看，他的客户资源和销售技巧会得到极大的提升。

人的一生中，毅力起着重要的作用。很多人能够从失败走向成功，就是因为具有坚强的毅力。强大的毅力是行动的力量之源，它能够帮助我们克服恐惧、沮丧和绝望，帮助我们不断地提高解决各种困难的能力，而且，每一次克服困难，我们的毅力随之增强，能力也相应提升，而这正是毅力所带来的复利效应。

毅力是一个人完成学业、工作、事业的持久力。当它与人的期望、目标结合起来后，就会发挥巨大的作用。一句话，要实现远大的理想，就必须提高我们的毅力。没有毅力，理想就会离我们很遥远。

美国前总统柯立芝曾写道："世界上没有一样东西可以取代毅力，才干也不可以，怀才不遇者比比皆是，一事无成的天才常有；教育也不可以，世上有太多学无所用的人。只有毅力和决心无往而不胜。"历史上大凡有成就的人，无不具有顽强的毅力，一步一个脚印，踏踏实实，向着既定的目标，义无反顾地迈进，最终成就美好的理想。

疯狂英语创始人李阳，大学生涯中，十几门课成绩不及格。他深感自己颜面尽失，下定决心改变。寒冷的冬季他在室外连续四个月大声朗读英语。最终，成功通过了英语四级考试，成绩名列全校第二。他靠什么取得的成功？靠的就是毅力！成功之后，他怀着让3亿中国人都能流利讲英语的梦想，开始向更高的目标迈进。

从某个角度来看，毅力的作用像复利，是一种积累。每一次的挫折，每一次的困难，都成为毅力的试金石，只要我们有毅力，能够坚持下去，那么成功就会到来。西方有一句谚语："有毅力的人，能从磐石里挤出水来。"法国画家安格尔认为："所有坚韧不拔的努力迟早会取得回报。"达·芬奇认为："顽强的毅力可以克服任何障碍。"毅力能够决定我们在面对困难、失败、诱惑时的态度，看看我们是倒了下去还是屹立不动。如果你想重振事业、如果你想把任何事做到底，单靠着"一时的热劲"是不成的，一定要具备毅力，方能成事。

成功需要顽强的毅力，具有顽强的毅力就等于向成功迈进了一大步。只要我们具有顽强的毅力，再高的山也能攀登上去；再汹涌的海也能跨越；再艰巨的任务也能完成。

玛丽·居里夫人是一位世界闻名的杰出女科学家，她的毅力和坚韧不拔的精神，使得她在科学领域取得了举世瞩目的成就。

第三章
习惯复利——习惯千差万别,未来天壤之别

玛丽·居里夫人出生在波兰,她的父母都是教师,家境并不富裕。然而,这并没有阻止她对知识的渴望和追求。她从小就表现出对科学的浓厚兴趣,尤其热爱物理学和化学。她的学习成绩一直名列前茅。

在巴黎求学时,居里夫人的生活充满了艰辛。她不仅要面对学习上的压力,还要承受生活的重压。租住的房子里没有电灯,没有水,没有用来取暖的煤。每天夜里,她只能到图书馆去看书。冬天的晚上,她把所有的衣服都穿上还冻得瑟瑟发抖,她经常一连几个星期只吃面包喝水。然而,她并没有被困难击倒,而是凭借着坚韧不拔的毅力,坚持学习了4年,最终获得了物理学和数学硕士学位。她曾经说:"我选择的道路是艰难的,但我已经选择了,无论如何,我都必须沿着这条道路走下去。"

在科研工作中,居里夫人的毅力更是令人敬佩。在研究放射性元素的过程中,她面临着极大的困难和挑战,不仅要面对实验设备的匮乏,还要承受放射性元素对人体的伤害。然而,她并没有放弃,而是以坚定的信念和无比坚强的毅力,坚持了下来。最终,她成功地发现了镭和钋两种新的放射性元素,为人类的科学发展做出了巨大的贡献。

居里夫人之所以取得卓越成就,一个非常重要的原因就是她坚不可摧的毅力。毅力带来的复利效应,最终让她孕育出了令人瞩目的成果。

毅力的作用像复利,需要长时间的积累和坚持。在这个过程中,我们可能会遇到各种困难和挑战,但只要我们坚持不懈,最终必将收获巨大的成功。

古人曰:"锲而舍之,朽木不折;锲而不舍,金石可镂。"顽强的毅力是我们取得成功的最好法宝,没有顽强毅力的人将一事无成。所以当遇到困难和挫折的时候,我们要用毅力和智慧去征服它们,这样我们就会成功到达胜利的彼岸。

复利思维

与其抱怨，不如改变

在日常生活中，很多人都有抱怨的习惯，抱怨活得太辛苦、压力太大，抱怨家人，抱怨朋友，抱怨上司，抱怨同事……所有和他们有关联的人和事都会成为抱怨的对象。

抱怨是一种很常见的不健康的心理状态。在人生的道路上，我们总会遇上一些不顺自己心意的事，这时就会习惯性地抱怨。对习惯抱怨的人来说，抱怨就像空气一样笼罩着他们，他们挑剔世上的每一样东西，仿佛没有任何事能让他们满意。这种不满的情绪随着他们不断地抱怨逐渐在心中发酵，就像债务一样不断累积，最终对个人的心理和生活产生严重的负面影响。

杰克原本是一名很有发展潜力的心理医生，刚进入一家医疗机构工作时，他和其他医生一样怀揣着远大的梦想和抱负。然而，工作三年后，杰克逐渐变得愤世嫉俗，甚至比来咨询的患者更充满负面情绪。他感到自己的薪水被院长定得过低，觉得自己没有得到院长的充分信任和重用。他抱怨提交的升职申请从未得到过任何回复。

可是他不知道，院长已经决定在下半年的集体会议上宣布提升杰克为主治医生。然而，杰克并未理解院长对他的期待，也未以尽

第三章
习惯复利——习惯千差万别，未来天壤之别

职尽责的态度去工作。他经常抱怨："在这里工作一点意义都没有。整天面对病人的抱怨，我的脑袋都要炸了，真希望能找个地方躲起来。制定治疗标准的专家竟然是一群外行，他们对治疗一无所知，但我们却不得不遵守他们制定的标准。"满腹的牢骚，让杰克逐渐失去了对工作的热情。

不久，杰克的这些牢骚传到了院长那里。院长对杰克的表现感到非常失望。事实上，院长并非没有关注杰克，但他认为杰克过于年轻，资历尚浅，需要接受基层业务的扎实训练。在听到杰克的抱怨后，院长决定暂时搁置提升杰克的计划。

在得知自己未能获得晋升的消息后，杰克彻底地陷入了低效工作的状态，开始消极怠工，最后不得不离开了工作岗位。

这就是抱怨带来的"恶果"。抱怨，不但解决不了问题，还会增加压力，让你更难处理那些干扰你的事情。

抱怨是一种有害的情绪，会导致不良情绪的积累。当我们不断地抱怨自己的困境、所遭遇的不公时，我们的情绪会逐渐变得消极和沮丧。这种消极情绪会像雪球一样越滚越大，最终占据我们的心灵空间，使我们无法享受生活中的美好和快乐。这就是抱怨的复利效应。

此外，抱怨还可能会影响我们周围的人，让他们也感到压力和困扰。一个人如果总是抱怨工作太辛苦，那么他就会陷入一种消极的工作状态中，这种状态会影响他的工作效率和工作质量，进而影响他的职业发展。同时，他的消极情绪会影响周围的同事，导致整个团队的工作氛围变得压抑。再比如，一个人如果总是抱怨生活太无聊，那么他可能会失去对生活的热爱及对未来的期待，这会导致他的生活变得越来越无趣，甚至会让他陷入抑郁。同时，他的消极情绪会影响他的朋友和家人，使他们也感到生活无趣。这也是抱怨的复利效应。

然而，一旦我们转变抱怨的态度，便有可能打破这种负向的复利效应。如果能够以积极的态度面对工作的压力和生活的不顺，那么我们就能提高我们的工作效率和工作质量。同样，如果能够以积极的态度面对生活的平淡，那么我们就能发现生活中的美好，从而使生活变得更加有趣。因此，与其抱怨，不如选择改变。

生活并不像我们想象中的那样，总是事事顺心如意，总是完美无缺，实际的生活总是充满了起伏和变化，是悲欢离合的交织，这是无法改变的事实，是生活的真实面貌，我们必须接受这个现实。因此，不应该对生活有任何的抱怨和不满，正确的做法是改变自己错误的想法，以平常心对待，这是人生的境界，也是我们努力追求的方向。

从某个角度来看，抱怨生活只是弱者的一个借口。相比之下，改变则是一种积极的行动。当选择改变的时候，我们其实是在告诉自己，我们有能力去解决问题，我们有能力去改变自己的生活。改变需要勇气、需要决心、需要努力，但是，只有通过改变，我们才能真正地解决问题，才能过上我们想要的生活。

改变并不意味着我们要放弃自己的原则和价值观，而是要我们在面对问题的时候，能够以更加开放和灵活的心态去思考和行动，意味着我们要勇敢地面对问题，积极地寻找解决问题的方案，不断地学习和成长。

一个周末的下午，王芳打算去公园散步，享受一下宁静的午后

第三章
习惯复利——习惯千差万别，未来天壤之别

时光。当她准备出门的时候，发现自行车出了点问题。她试图自己修理一下，但是无论怎么努力，都没有把问题解决。王芳感到非常沮丧和恼火，因为如果没有自行车，就意味着她要走路去公园，而公园离她家有好几公里远。

王芳开始抱怨这个世界的不公，抱怨为什么让自己遇到这样闹心的事，抱怨为什么自己不能像其他人一样有一个开心的周末，甚至开始抱怨自己的人生为什么总是充满波折。

抱怨了一会儿，王芳冷静下来，她意识到，不能只是在那里抱怨，应该想办法把问题解决掉。于是，她打电话给一个会修理自行车的朋友，希望对方能帮助自己解决这个问题。

没过多久，会修理自行车的朋友过来了，并且很快把自行车修好了。送别了朋友后，王芳骑上自行车开心地直奔公园。

抱怨并不能解决任何问题，反而会让我们陷入更糟糕的心境。当我们抱怨时，实际上是在将自己的注意力集中在问题上，而不是解决问题上。这样做的结果就是，我们无法看到问题的本质，也无法找到解决问题的合适方法。相反，如果我们能够将注意力集中在解决问题上，就能很快找到解决问题的方法。

荀子说："自知者不怨人，知命者不怨天，怨人者穷，怨天者无志。失之己，反之人，岂不迂乎哉！"就是说，我们要学会自我调适，对自己，对环境，都要有一个清醒的认识，遇事尽量冷静下来，把问题想通、想透，这样就不会怨天尤人，把命运主动权牢牢攥在自己手中。

只有不抱怨生活的人，才可能是生活的主人。只有不畏惧生活中的不平和磨难，在生活中历练自己，促使自己成长和成熟，才能

复利思维

在广阔的天空翱翔,最终实现人生理想。

总之,抱怨带来的负面效应具有复利的特性,导致我们的生活质量逐步恶化。如果我们能够以积极的态度面对生活的压力,改变自己的行为,那么我们就能扭转这种消极影响,进而改善我们的生活状况。因此,让我们从现在开始,停止抱怨,以积极的态度面对生活吧!

第四章

行动复利

——"动"起来,雪球才能"大"起来

复利思维

成功始于滚动的那一刻

在复利思维的框架下,行动具有至关重要的作用。这是因为只有通过实际行动,才能使一件事物真正实现指数级增长。每一次的行动,无论大小,都可能带来一些回报。这些回报可能是物质的,也可能是精神的。比如,你每天坚持阅读,虽然每次可能只学到一点新知识,但积累起来,你会发现自己的知识面在不断扩大,思维能力在不断提升。这就是行动带来的复利效应。可以说,复利思维与行动是紧密相连的。没有行动,复利思维就无法发挥其真正的威力。只有通过实际行动,我们才能将想法转化为现实,将计划付诸实践。无论我们有多么伟大的计划或梦想,如果我们不采取行动去实现它们,那么它们就只是空谈而已。

古人云:"道虽迩,不行不至;事虽小,不为不成。"意思是说,路虽然近,但只有走,才能到达目的地;事情虽然小,但只有去做,才能完成。这句话强调了行动的重要性,成功需要你将想法转化为行动,只有行动了才会收获成功,而不是只要默默去想就会成功的。

有一个陷入困境的中年人,经常去寺庙烧香拜佛,每次所求之事都是相同的:"佛祖啊,请念在我多年虔诚敬畏您的份上,让我中

第四章
行动复利——"动"起来,雪球才能"大"起来

一次彩票的头奖吧!阿弥陀佛!"

一次,他又跪着说:"佛祖啊,您为何听不到我内心深处的祈求?我渴望得到您的眷顾,让我有机会中彩票大奖吧!我知道这个要求听起来有些贪婪,但我只是希望有一次机会,一次就能解决我生活中的所有困难……"

就在这时,佛台上空传来宏伟庄严的声音:"我一直垂听你的祷告。可是,最起码,你也该先去买一张彩票吧!"

说一尺不如行一寸。有想法是好的,但再好的想法也要付出行动。因为只有行动才会产生结果,唯有坚持不懈地采取行动,复利效应才会显现其威力。在每一次行动中,我们都可能获得意想不到的收获,而这些收获又会激励我们继续前进,形成一个正向的循环。这种持之以恒的行动,犹如复利效应一般,随着时间的累积,能够诞生令人瞩目的成就。俄罗斯作家克雷洛夫曾说过:"现实是此岸,理想是彼岸,中间隔着湍急的河流,行动则是架在河上的桥梁。"唯有付诸实际的行动,我们才能达成目标和实现梦想。

行动胜于心动。无论梦想和愿望多么美好,如果不能付诸实践,最终都只能成为空谈。人们常说,心想事成。这句话本身并没有错,但很多人只是将想法停留在空想的阶段,而没有将其转化为具体的行动,因此最终以失败告终。因此,当我们拥有梦想时,应该迅速而有力地去实现它。如果只是待在原地等待机遇的到来,那就像是在期待天上掉下馅饼一样不切实际。

安东尼·吉娜是一位非常出色的年轻演员,她在纽约百老汇取得了巨大的成功。她的成功是如何实现的呢?

复利思维

几年前,安东尼·吉娜还是一名普通的在校学生。那个时候,她充满了对未来的憧憬和期待。当时,学校举办了一次盛大的校际演讲比赛,旨在鼓励学生勇敢地表达自己的想法和梦想。安东尼·吉娜毫不犹豫地报名参加了比赛。她知道,这是一个展示自己、实现梦想的好机会。比赛当天,她站在台上,将自己的梦想告诉了在场的所有人:"大学毕业后,我要去演百老汇歌舞剧的主角。"她的话语中充满了坚定和决心,仿佛已经看到了自己在舞台上翩翩起舞的身影。在场的观众被安东尼·吉娜的演讲打动,他们为她的梦想和勇气鼓掌喝彩。

演讲结束之后,安东尼·吉娜的心理学老师找到了她。这位老师一直对安东尼·吉娜寄予厚望,他认为安东尼·吉娜有着非凡的才华和潜力。他看着安东尼·吉娜,眼神中充满了疑惑和关切,然后质问她:"为什么你现在不去百老汇,非要等到毕业后才去呢?"声音中透露出对安东尼·吉娜的期待,希望她能够抓住机会,勇敢地追求自己的梦想。

安东尼·吉娜被老师的问题弄得有些蒙,她低下头,开始思考这个问题。突然,她意识到,大学生活并不能直接帮助她实现梦想。于是,她抬起头,坚定地说:"那我一年以后就去百老汇。"

老师的脸上再次浮现出不悦的神色,他看着安东尼·吉娜,严肃地问道:"为什么你今天不去呢?为什么要把事情拖到一年后才去做呢?"声音中充满了责备和不解。

安东尼·吉娜激动不已地说:"好,我现在就去订机票,马上出发。"她的眼神中闪烁着坚定的光芒,仿佛看到自己即将踏上成功的旅程。老师看着她,眼中充满了赞许和鼓励。他轻轻地点了点头,微笑着说:"机票我已经帮你订好了。"

第四章

行动复利——"动"起来,雪球才能"大"起来

听到这个消息,安东尼·吉娜的脸上立刻绽放出了灿烂的笑容。她知道,这是她梦想成真的开始,也是她人生新篇章的开启。

当天,安东尼·吉娜就飞赴了她梦想中的殿堂。她的心中充满了期待和激动,她知道,这将是她人生中最美好的一段旅程。

恰好在那个时候,百老汇一名制片人正在酝酿制作一部具有深远影响力的经典剧目。他正在寻找一位能够完美诠释剧中女主角的演员。他计划在100个人当中挑选10个,然后再在10个人中选择最优秀的一个。挑选方式是,让应试者每人念一段剧本中主角的台词。

安东尼·吉娜知道这是一个难得的机会,她千方百计地从一个化妆师手里拿到了将要排演的剧本。拿到剧本的那一刻,安东尼·吉娜激动得无法自已。她知道,这是她实现梦想的关键一步。为了能够更好地诠释角色,她全身心地投入剧本的研究之中。

面试的日子终于到来了,安东尼·吉娜是第40个出场的应聘者。面试官就是那位制片人。当轮到安东尼·吉娜表演时,制片人看着手中的简历,然后抬头看向安东尼·吉娜,问道:"你有过表演的经验吗?"这是一个很重要的问题,直接关系到安东尼·吉娜是否能够获得这个机会。然而,安东尼·吉娜并没有被这个问题吓倒,反而露出了一个甜甜的微笑,说:"我可以给您表演一段我曾经在大学里演出过的剧目吗?"她的声音清脆而坚定,充满了自信。制片人点头答应了。

当制片人听到安东尼·吉娜使用的台词正是将要上演的剧目中的对白时,他有些震惊,随即被安东尼·吉娜那真挚的感情和惟妙惟肖的动作所震撼。他立刻意识到,他找到了心目中理想的女主角。制片人立即结束面试,并宣布安东尼·吉娜为该剧目的女主角。

复利思维

就这样，安东尼·吉娜刚到纽约就顺利地迈出了实现梦想的第一步，穿上了她人生中的第一双红舞鞋。

成功者必是行动者。行动不一定每次都带来幸运，但不行动一定无任何幸运可言。只有行动起来，才能抓住机遇，创造不一样的人生。

复利的力量在于时间。越早采取行动，便越能深刻感受到复利的巨大效用。因此，不论追求什么目标，我们都应当尽早开始行动。无论是掌握新技能、提升能力，还是追求创业梦想，只要我们开始行动，实现这些目标的可能性便随之增加。

你可能已经为自己的未来描绘了一个美好的蓝图，然而，这个蓝图同时也给你带来了困扰。你发现自己无法将计划付诸实践，总是在寻找更好的机会，或者常常对自己说："明天再做。"这些行为会严重影响你的工作效率。要想取得成功，必须立即开始行动。任何一个伟大的计划，如果不去实施，就像只有设计图纸一样，只能是一个空中楼阁。

有句话是这样说的："我们生活在行动中，而不是生活在岁月里。"要改变你的生活，要积极行动起来，应该珍惜每一次的行动机会，让它们像复利一样，不断积累和增长。只有这样，我们才能在人生的道路上，走得更远、更好。

机遇就在每一次的行动中

在这个日新月异的时代,每个人都渴望成功,但成功并不是一蹴而就的,它需要我们付出努力,需要我们有智慧,更需要我们有创造机会的能力。而在这个过程中,复利效应起着至关重要的作用。

当一个人能够敏锐地捕捉到机遇,并善于利用这些机遇来推动自己事业发展时,他就能够获得更多的成功和成就,进而会形成一个良性循环。每一次成功的经验和成果会成为下一次机遇的基础,进而带来更多的机遇和成功。这种良性循环会使得个人的事业不断发展壮大。

机会是成功的关键,没有机会,成功就很困难。创造机会可以为我们提供更多的资源和条件,从而为复利效应的产生奠定基础。例如,一个创业者通过创造机会,成功推进一项新业务,随着时间的推移,这项业务的盈利空间逐渐增大,从而实现了复利效应。同时,复利效应也可以为创造机会提供动力和激励。当我们看到自己的投资或努力带来的回报不断增长时,我们会更加积极地寻找和利用新的机会。因此,我们需要学会创造机会。

从某种意义上讲,机遇是被人创造出来的,是人的主观能动性与外界环境的客观必然性的结合。主观方面条件的增强会影响到客

复利思维

观环境的变化，使机遇更容易产生。这就像是一片荒芜的土地，如果没有人去耕耘，那么它永远只是一片荒芜的土地。但是，如果有人愿意去耕耘，那么这片土地就有可能变成一片肥沃的田地。同样，机遇也是如此，只有当我们主动去寻找、去创造、去努力时，才有可能抓住那些隐藏在生活中的机遇。

莎士比亚说："聪明人会抓住每一次机会，更聪明的人会不断创造新机会。"当机遇尚未出现时，除了时刻准备之外，我们也应该主动为自己创造机遇，不能总是守株待兔，等着机遇上门。没有人会主动给你送来机会，机会也不会主动来到你身边，只有你自己去主动争取，才可能与机会相遇。因此，成大事者的习惯之一是：有机会，抓机会；没有机会，创造机会。

一个名叫西尔维亚的美国女孩出生于一个家境优渥的家庭，父母都是成功的商人。优裕的家庭条件使得西尔维亚从小就受到了良好的教育。父母非常重视她的学习，不仅请了家庭教师辅导她，还为她报名了各种兴趣班和课外活动，让她在学习之余，能够全面发展自己的兴趣爱好。

从上中学的那一刻起，西尔维亚就一直梦想当一名电视节目主持人。她深信自己具备这方面的才能。因为每当别人与她交往时，即使是陌生人，也愿意亲近她并与她进行长时间的交谈。她自己常说："只要有人愿意给我一次上电视的机会，我相信我一定能成功。"

然而，她并未采取任何行动，只是静静地期待着奇迹的降临，期望能突然之间就成为电视节目主持人。就这样，西尔维亚不切实际地期待着，10年过去了，结果什么奇迹也没有出现。

另一个名叫辛迪的女孩却实现了同样的理想，成了著名的电视

第四章

行动复利——"动"起来，雪球才能"大"起来

节目主持人。辛迪并没有毫无作为地等待机会出现。她不像西尔维亚那样有稳定的经济来源，所以白天她去打工，晚上去上艺术课。毕业后，她开始找工作。她在洛杉矶的各个广播电台和电视台之间奔波。然而，无论她到哪里，经理们对她的答复都大同小异："我们不会雇用没有工作经验的人。"

这个回答让辛迪感到沮丧，但她并没有选择退缩或者被动地等待机会降临。相反，她坚持主动寻找属于自己的机会。她一连几个月阅览广播电视杂志，希望在其中找到一份适合自己的工作。终于有一天，她在一本杂志的角落里发现了一则招聘广告。这则广告来自北达科他州一家小型电视台，这家电台正在寻找一名女主持人负责天气预报的工作。

辛迪是一个来自加州的女孩，她不喜欢北方的气候。然而，这对她来说并不重要。她渴望找到一份与电视相关的工作，只要与她的兴趣相符，她都会全力以赴。于是，当这个机会出现时，辛迪毫不犹豫地抓住了它。

辛迪在北达科他州工作了两年，之后又来到洛杉矶，在洛杉矶她进入一家电视台工作。过了5年，她获得了提升，成为她梦想已久的电视节目主持人。

从上面这两个女孩的故事中可以看出，守株待兔是等不来机遇的，只有主动出击，才可能给自己创造机遇。我们不能只是坐等机会的到来，而是要积极地去探索、去尝试、去挑战自我。只有当我们抓住机遇，并且付出足够的努力时，我们才可能获得超出预期的成果。这是因为机遇和努力的结合，如同复利中的本金加利息，会产生一种超越简单相加的效果。因此，我们应该学会利用机遇、创

造机遇，学会利用机遇产生的复利效应，去实现我们的目标、去创造更大的成功。

一位名人曾说："等待机会的人不是聪明的人，而寻找机会、把握机会、征服机会、让机会服务于自己的人才是最聪明的人、最优秀的人。"的确，真正的强者不是等待机会来找他，而是到处寻找并抓住机会，让机会主动为他服务。

在这个充满机遇和挑战的时代，唯有学会利用机会、创造机会，才能借助复利思维，促进我们的知识、能力和财富的不断增长。因此，让我们从现在开始，学会创造机遇，运用复利思维，走向成功的道路吧！

第四章

行动复利——"动"起来,雪球才能"大"起来

从目标出发,让行动不再迷茫

谁的人生不迷茫?迷茫是人生的常态。很多时候,人之所以陷入迷茫中无法自拔,或许是因为缺少目标,失去了行动的方向。

目标是一个人奋斗和努力的方向,也是一种对自己的鞭策。当一个人有了目标,才会有热情、有积极性、有使命感,才能最大限度地发挥自己的优势,调动沉睡在心中的那些优异、独特的品质,造就自己璀璨的人生。相反,一个人如果没有明确的目标,就会失去崇高的使命感,丧失进取的活力。

设定目标是获得复利的底层思维。我们可以将追求目标视为一种投资。为了实现目标,我们必须努力和投入时间,这些可以看作我们的本金。随着逐步接近目标,我们所付出的努力和时间开始产生回报,类似于投资产生的利息。随后,这些回报为我们带来更多的机会和资源,推动我们更接近目标,正如利息再次产生利息一样。这就是目标在实现过程中所产生的复利效应。例如,一个人的目标是成为一名优秀的音乐家,他每天都会花费大量的时间练习乐器,这是对技能的"本金"投资。随着时间的推移,他的技艺不断提升,相当于获得了投资的利息。然后,他的优秀表现可能会吸引音乐机

构的注意，为他提供更多的学习机会，这就像是利息再生利息。通过这种复利效应，他能更快地达成自己的目标。

托尔斯泰说：一个人应该有一生的目标，有一年的目标，有一个月的目标，有一个星期的目标，有一天的目标，有一个小时的目标，有一分钟的目标。这可能就是他成功的秘诀之一。一个人是否能发挥自己的聪明才智，很重要的一点是他的心中是否有明确的目标。

王先生是一位职业猎头，在行业内小有名气。一天，一个年轻人向他咨询。

经过一番交谈，王先生基本了解了这个年轻人目前的情况。于是，王先生问这个年轻人："你找我，是不是就是让我帮你换份工作呢？"

年轻人答道："是的。"

"那你想要找一份什么样的工作呢？"王先生又问。

"问题就在这里，我对现在的工作很不满意，想换一份工作，但又不知道自己该做什么。"年轻人说。

作为猎头，王先生知道很多年轻人都有类似的迷茫。于是，他换了一个问法："那这样吧，你告诉我10年后你希望自己是个什么样子的人呢？"

年轻人沉思了一会儿，说："我希望有个这样的工作，能够实现我的价值，有很好的待遇，买得起房子和车子，目前就这些，更长远的问题我还没考虑好。"

王先生说："你的想法是十分正常的，但你现在的情形就好比是跑到火车站里说：'我要买一张火车票。'如果你不说你的目的地，火

第四章
行动复利——"动"起来,雪球才能"大"起来

车站是无法为你提供车票的。同样的道理,在没有了解你的目标之前,我无法为你找到适合的工作。"

年轻人明白了,他开始认真思考。两个小时后,年轻人满意地离开了。离开前他已经学到了人生重要的一课,那就是:出发前,先要有目标!

目标是一个人的动力核心,它能改变一个人的价值观、信念、决策模式和行为方式,进而赋予行动的力量。许多优秀的成功人士都有过这样的切身感受:明确的目标会带给自己创造的激情火花,就像成功的助推器,会推动自己向理想靠近。因此当你规划自己的生活和事业时,千万别低估了目标的重要性。只有制定明确的目标,才能有选择地努力,才能看准前进的方向,不至于茫茫然,不知所措。

有人曾做过一项关于人生目标的调查,发现了一个令人惊讶的事实。在他所接触的人群当中,只有3%的人有明确的人生目标,并且知道如何将这个目标具体化、实施化。然而另外97%的人在目标设定方面存在着各种各样的问题。要么根本没有目标,要么目标不明确,要么不知道怎么去达成目标。10年后,他对上述对象再一次进行调查,结果令他吃惊:属于原来97%范围内的人,除了年龄增长10岁外,在其他方面却几乎没有什么变化,依然过着平庸的生活。而有着明确人生目标的那3%的人,则在各自的领域里都取得了相当大的成就。这些人在10年前设定的目标,如今已经不同程度地得以实现。可见,人生能否取得成就,很重要的一点就在于有无明确的人生目标!

目标对于我们的生活质量、幸福感以及成就有着至关重要的影

复利思维

响。当我们设定一个目标并付诸行动时，我们可以利用复利效应来实现更大的成功。事实上，我们的人生轨迹在很大程度上取决于我们所设定和追求的目标。一定程度上，可以说，有什么样的目标，就会有什么样的人生。

目标是我们成功的起点。在如何看待那些取得成功的人时，有相当一部分人是怀着羡慕和嫉妒的心情，他们认为这些人之所以能够取得成功，是因为得到了外力的帮助或者运气好，并由此感叹自己时运不佳。然而，很少有人意识到，成功者之所以能够取得成功，其中一个重要原因是他们有着自己明确的人生目标。

在个人成长和发展过程中，设定目标并实现其复利效应具有至关重要的意义。当我们设定一个目标后，我们就会行动起来、就会为之付出努力，每一次的行动和努力都会为我们实现目标添砖加瓦，使我们离目标越来越近。当我们实现了一个目标时，会获得一定的回报和成就感，这会激励我们继续追求更高的目标。同时，这种回报也会为我们提供更多的机会和资源，从而便于我们更好地实现下一个目标。高尔基说："一个人追求的目标越高，他的才力就发展得越快，对社会就越有益。"对我们每个人来说，明确的目标犹如成长过程中的灯塔，照亮前进的方向，指引我们不断前进。

目标，是一个人未来生活的蓝图，同时也是人的精神支柱。它给予我们方向、勇气和动力，让我们在人生的旅途中不断前行。然而，要实现目标的复利效应并非易事，这需要满足特定的条件并采取恰当的策略。首先，目标必须具有明确性和可衡量性，以便能够清晰地评估进展和成果。其次，需要制定合理的计划和行动步骤，以确保每一步都能够朝着目标的方向前进。

此外，坚持不懈地努力和持续学习是实现目标复利效应的关键。只有不断地努力提升自己，才能够在实现目标的过程中获得更大的回报和成就，也才能让复利效应得到呈现。

复利思维

告别犹豫不决

在人生的道路上,我们常常会面临各种各样的选择。有时,我们会因为犹豫不决而错过一些重要的机会。这些因犹豫不决而失去的机会,最终让我们离成功越来越远。如,当我们面临职业选择时,如果我们犹豫不决、迟迟不做决定,那我们可能会错过一些好的工作机会。这些错过的机会,不仅会影响我们的职业生涯,也会影响我们的生活质量和幸福感,而且随着时间的推移,这种影响会越来越大。

古人云:"当断不断,反受其乱。"它告诫我们,做事顾虑重重,畏畏缩缩,往往会贻误时机,让机会溜走。生活中,总有一些人,做事举棋不定、犹豫不决。他们像是被束缚的风筝,无法自由飞翔。他们的内心充满了恐惧和疑虑,害怕做出错误的决定,害怕面对未知的结果,因而总是在各种选择之间徘徊,下定不了决心。这种意志不坚的人,很难获得别人的信任,也就无法使自己的事业获得成功。

周华是一个勤奋的学生,成绩一直名列前茅。然而,毕业后的他却陷入了迷茫。他处在找工作和考研的艰难选择中,如果找工作,

第四章
行动复利——"动"起来，雪球才能"大"起来

能早日实现经济独立，为家人分担生活压力。如果选择考研，那么将有机会进一步提升自己的知识水平，开阔视野，为自己的未来打下更坚实的基础。

就业和考研各有各的好处，到底该选哪个呢？周华的内心充满了矛盾。他想要挣钱，但也想要深造。他想要满足眼前的需求，也想追求长远的目标。他想要做一个孝顺的儿子，但也想做一个有追求的人。

就这样，周华在考研和找工作之间徘徊了很久，搞得自己疲惫不堪，最终他决定考研，可是由于复习时间太短，考研失败了。他又转头去找工作，但也因准备不充分，而没有找到理想的工作。此时，他对是继续考研还是找工作，又陷入了迷茫中。

如果周华当时能果断地选定一个目标去充分准备，也许不会落得后来进退两难的尴尬境地。

犹豫不决是性格上的弱点，一个人做事如果总是优柔寡断、犹豫不决，那么他的生活将会充满困扰和痛苦。他总会在两个选择之间摇摆不定，无法做出决定，内心充满了矛盾和挣扎，生活也因此变得混乱不堪。时间和精力都被这种无休止的思考所消耗。他们通常会花费大量的时间去思考每一个细节，试图找出最完美的解决方案。然而，他们却忽视了一个重要的事实：生活并没有所谓的完美解决方案，只有最适合当前情况的选择。他们的过度思考只会让自己陷入更深的困境无法自拔。

在这个竞争激烈的社会中，机会就像金子一样珍贵。每一次犹豫，都是对机会的放弃。而这些放弃的机会，不断累积，最终会削减我们的成就。歌德曾说过，犹豫不决的人永远找不到最好的答案，

复利思维

因为机遇会在你犹豫的片刻溜走。所以我们必须改掉犹豫不决的习惯，即使处在混乱中，也必须果断地做出自己的选择。

老张有一个坏毛病，就是做事总是犹豫不决。他原本是一个很有上进心的人，也渴望成功，但犹豫不决的毛病，让他失去了很多发展机会。后来，一件小事改变了他。

一个星期六的下午，老张坐在一家度假村走廊的长椅上看书，无意中听到一位父亲和他孩子们的谈话。这一家人打算驾船出海，但这位父亲迟迟做不出决定，他们是选在当天下午还是次日上午去。孩子们很想立即出发，而那位父亲却还是犹豫不决，不知道是该现在去还是明天去。

老张对这个人犹豫不决的态度感到不耐烦：为何还不迅速做出决定？美好的下午就快过去了。老张忽然想到，这不也正是自己的毛病嘛。很多时候办事没有成功不是因为自己的能力不行，而是因为迟迟不做决定，致使机会溜走。

意识到这一点，老张决心改掉这个毛病。后来，老张通过采用"迅速做出决定"的方法来督促自己，办事效率由此得到了大幅提高。

很多时候，犹豫意味着我们会错过一些机会，失去一些潜在的收益。所以，若想成功，就必须学会在两难中，做出选择，勇于行动。请记住：成功者，多是果断利落的实践者；失败者，多是犹豫不决的思考者！

为了避免犹豫不决产生负面影响，我们可以采取一些策略。

（1）设定明确的目标和计划。当我们对自己的目标有清晰的认识时，我们更容易做出决策并采取行动。因此，我们应该花时间思考自己的长期目标,并将其分解为可行的短期目标,并为每个目标设定截止日期。这样一来,我们就可以逐步推进,避免拖延和犹豫。

(2)分析风险和收益。在做出决策之前,仔细权衡每个选项的风险和收益,考虑可能的结果,以及它们对生活和职业发展的影响。

(3)寻求建议和支持。与家人、朋友或同事交流,听取他们的意见和建议。他们可能会提供新的视角以帮助你更好地理解问题。

(4)接受失败的可能性。虽然认识到任何决策都可能失败,但不要让这种可能性阻止自己采取行动。相反,要将其视为学习和成长的机会。

(5)培养自信心。自信是做出决策和采取行动的关键因素之一。可以通过积累经验和知识,提升自己的技能,进而增强自信心。同时,也要注意从失败和挫折中吸取教训,不断成长和进步。

(6)勇于采取行动。行动是实现目标的必要条件,因此要勇于行动,不要让自己陷入过度分析和拖延的陷阱中。要相信自己的能力,勇敢地迎接挑战。

总之,在这个快速变化的世界中,犹豫不决只会让我们落后于他人。因此当我们面临选择时,我们应该勇敢地做出决定,而不是犹豫不决。只有这样,我们才可能抓住每一个机会,不让犹豫不决影响我们的生活。

复利思维

不找任何借口

在面对生活中的困难或者问题时，很多人常常会不自觉地找各种理由和借口来为自己辩解，试图以此来摆脱责任、逃避问题。这种行为已经成了很多人的一种习惯性反应，即使有时候这些借口并不能真正解决问题，人们还是会下意识地去找寻。然而，我们可能没有意识到，借口就像一种复利效应，一旦开始，就会越来越严重地影响我们的生活和职业发展。例如，一个人想要锻炼身体，但总是找借口推迟，比如"我今天太累了""我没有合适的运动装备"等。如果一直使用这些借口来推迟行动，那么他的锻炼想法可能永远无法实现，同时也会浪费他很多时间和精力。最终，他会感到沮丧和失望，因为他没有实现自己的目标，也没有取得任何进展。

一个人一旦开始找借口，就会陷入一个恶性循环。每一次找借口都会使他下一次找借口更为容易。这是因为，找借口可以暂时逃避责任，让人感到轻松和自由，这种感觉会让人上瘾。然而，这种短暂的快感背后，隐藏着巨大的危害。

在某企业的季度会议上，销售部经理说："最近我们的销售业绩不理想，我们需要承担一定的责任。不过，我们需要认识到，销售

第四章
行动复利——"动"起来，雪球才能"大"起来

不佳的主要原因并非我们自身的问题，而是竞争对手推出了一款性能优异的新产品。"

研发经理随后说道："最近我们公司推出的新产品是不多，但主要原因是财务部门对研发预算进行了削减。"

听到这里，财务经理开始辩解："各位，我向大家说明一下，近期我们公司的采购成本不断上升，主要是由于市场上原材料价格上涨，以及运输和人工成本增加等因素导致的。为了确保公司的正常运营和盈利，我们必须采取一定的措施来削减预算。"

这时，采购经理大声说："我们的采购成本上升，那是因为俄罗斯一个铬矿发生了爆炸，生产能力大幅度下降，导致市场上铬矿石供应量急剧减少，进而直接导致了不锈钢的价格急速攀升，这就使得我们的采购成本也随之上升了。"

随后，大家几乎异口同声地说："原来如此。"言外之意便是：大家都没有责任。

这样的情景经常在不同企业上演着——当工作出现困难或者出现问题时，人们的第一反应往往不是反思自己的问题，而是找各种借口来指责其他人没有配合好自己的工作。

在生活和工作中，我们经常可以碰到类似的情况：每当遇到一些自己不愿意去做的事情时，常常会找各种借口，将这些事情推掉。每当面临一项新的挑战时，往往会自我安慰说："我真的无法完成这件事情。"而很少去想这其实是自己的责任。他们在面对问题时，开始设想自己可能会遇到的种种麻烦和困难。在这个过程中，越想越觉得没有把握，越想越觉得自己真的无法完成这件事。于是，自然而然地找借口推脱责任。然而，正是这种为自己寻找种种理由的心

复利思维

态，让我们失去了很多机会，最终碌碌无为地度过一生。

借口是一种逃避责任的行为。当找借口推卸责任时，我们实际上是在逃避成长的机会。每一次的推卸，都会让我们失去一次成长的机会，也会让我们的人生变得越来越平庸。这种逃避责任的行为，就像复利一样，越积越多，最终会让我们的人生付出沉重的代价。

刘涛是某大学新闻专业的学生，毕业后被一家知名的报社录用了。他有一个很不好的习惯，那就是做事不够认真，遇到困难，习惯找借口推脱责任。刚入职的时候，他给同事们留下的印象是相当不错的，言行举止十分得体，工作能力也很强。然而，好景不长，随着时间的推移，他的坏习惯逐渐暴露出来。上班经常迟到，采访时经常丢三落四，不是忘带重要的采访工具，就是弄丢资料。领导多次找他谈话，希望他能够改掉这个毛病，但刘涛总是以各种理由来推脱责任，没有给出一个明确的态度。

有一天，一位热心的读者打来电话，说某个地方发现了一起特大的新闻事件，他认为这起事件具有重大的社会影响力，希望报社能够派记者前去采访。当时报社的其他记者都出去采访了，办公室里只有刘涛。领导就派刘涛独自前往采访。但是没多久，刘涛便返回了办公室。领导询问他采访的情况如何。刘涛回答说："路上非常拥堵，当我赶到现场时，事件已经接近尾声了，已经有其他新闻机构在那里采访了。我觉得这个事件并没有重要的新闻价值，所以就回来了。"

领导面色严肃，语气中充满了不满和责备："路上确实拥堵，这一点我也知道。但是，难道你就没有想到其他的解决方案吗？你是

第四章
行动复利——"动"起来，雪球才能"大"起来

一名记者，应该有独立思考和解决问题的能力。为什么其他记者能够在这种情况下顺利赶到目的地呢？"

刘涛争辩道："这不能怪我啊，交通真的是很堵嘛，再说我对那里又不是特别熟悉，身上还背着这么多采访器材……"

听到这里，领导更生气了："既然你是这样的态度，那我建议你考虑找其他工作吧。我们需要的是那种能够创造价值，而不是只会找借口的员工。我们需要的是那些在接到任务后，不论有多困难，都能够全力以赴，想方设法去完成的人。我们不需要只会抱怨、找理由的人。"就这样，刘涛失去了令许多人羡慕不已的好工作。

工作中，像刘涛这样遇到问题不积极想办法解决，而是找借口来推脱责任的人并不少见，他们这样做不仅损害了集体的利益，也阻碍了自己的发展。虽然借口让他们暂时逃避了困难和责任，获得了些许心理上的慰藉。但是，借口的代价却无比高昂，它所带来的危害一点也不比其他任何恶习少。

事实表明，当我们找理由逃避责任或推迟行动时，这种习惯会逐渐积累并产生负面影响。随着时间的推移，它就像复利一样，不断累积，最终导致我们陷入困境。美国成功学家格兰特纳说过这样一段话："如果你有自己系鞋带的能力，你就有上天摘星的机会！让我们把寻找借口的时间和精力用到努力工作中来。因为工作中没有借口，人生中没有借口，失败没有借口，成功也不属于那些寻找借口的人！"

那么，如何避免借口产生的复利效应呢？首先，我们需要认识到找借口的危害，意识到这是一种极其有害的习惯。其次，我们要培养自己的责任感和自我驱动力，学会为自己的行为负责。再次，

复利思维

我们要勇于面对错误和失败,而不是逃避它们。最后,我们需要积极寻求解决问题的方法,而不是找各种借口来推脱责任。

请记住,成功属于那些善于找方法的人,而不是惯于找借口的人。与其费心思为失败找借口,不如花时间去找解决问题的好方法。

第四章

行动复利——"动"起来,雪球才能"大"起来

勿将今日之事拖到明日

哈佛图书馆墙壁上有这样一条训言:"勿将今日之事拖到明日。"哈佛大学通过这条训言告诉学生:拖延是行动的死敌,也是成功的死敌。

对一位渴望成功的人来说,拖延最具破坏性,也是最危险的恶习。一旦开始遇事推托,就很容易再次拖延,直到变成一种根深蒂固的习惯性拖延。这种拖延行为就像是在投资中产生的复利一样,时间一长,就会累积成巨大的负担。例如,如果我们每天都推迟完成一小部分学习任务,这些细微的拖延最终会累积成大量的未完成学习任务,这会造成巨大的压力。同样地,如果在工作中持续拖延,那些看似无关紧要的拖延,最终可能积聚成庞大的工作量,导致我们在职场上承受极大的压力。

拖延总是以借口为向导,让我们坐失机会,而借口总是听起来合情合理,让拖延顺理成章,习惯成自然,让我们的心灵难以觉察。于是,在不知不觉中,拖延已不仅仅是一个习惯,而且渐渐成为一种生活方式。拖延使我们所有的美好理想变成真正的幻想,令我们丢失今天而永远生活在"明天"的等待之中,拖延的恶性循环使我们养成懒惰的习性、犹豫矛盾的心态,这样就让我们成为一个永远

复利思维

只知抱怨叹息的落伍者、失败者、潦倒者。

张霖有一个非常不好的习惯,那就是总喜欢把事情拖到最后一刻才去做。无论是学习任务,还是生活琐事,只要不是迫在眉睫的事情,他总是会找各种理由推迟去做。例如,有一项作业今天完成可以,如果明天完成也没有问题,那么张霖就一定会选择明天再去做。他似乎从不觉得拖延有什么不好,反而觉得这样可以给自己留出更多的时间来享受生活。朋友多次劝说他改掉这个坏习惯,但每次都以失败告终。因此,他们给张霖起了一个外号——"磨蹭大王"。在学校里,这个习惯还没有给他带来太大的影响。他可能会因为晚交报告而被教授批评几句,但这对他来说并不是什么大问题。然而,当他步入社会后,这个习惯却让他吃了不少苦头。

毕业走出校门,张霖并没有像预期那样顺利找到一份满意的工作。这让他感到有些沮丧。就在张霖对未来感到迷茫的时候,一个意想不到的消息给了他新的希望——某市广播电台正在公开招聘三名主持人。这个消息让张霖瞬间兴奋起来,因为他一直对电台主持这个职业充满了向往。张霖深知自己的语言表达能力和外形条件都非常出色,这使他对自己能胜任这份工作充满了信心。此外,他的学历也颇具优势,这无疑为他增添了更大的竞争力。

张霖一直在思考:我应该什么时候去报名呢?他在心里盘算着:过两天吧!我总要准备准备。于是一天拖过一天,五天后,他终于决定行动了!然而,当他风尘仆仆地赶到目的地时,电台工作人员却告诉他,一天前报名就截止了。张霖的心情一下子跌入了谷底,他失落地回家了。他明白自己错过了一个难得的机会。

第四章
行动复利——"动"起来,雪球才能"大"起来

生活中很多人都喜欢拖延,想着"反正还有时间,等一会儿再做""明天再说吧",结果一拖再拖,最终一事无成。拖延是对宝贵生命的一种无端浪费。暂时的拖延,也许能获得片刻的轻松,但美好的人生却会在拖延中渐行渐远,最终可望而不可即,甚至连望都望不到。

拖延是浪费时间的主要原因之一,也是阻碍我们成功的无形杀手。每一次的拖延,都会增加我们的任务负重,使我们的压力越来越大。而这种压力,像复利一样,随着时间的推移而不断累积,最终让我们无法承受。

拖延不能解决任何问题,也不能使解决问题变得容易起来,相反,因为拖延,我们没解决的问题常常会由小变大、由简单变复杂,像滚雪球那样越滚越大,解决起来也越来越难。而且,没有任何人会为我们承担拖延的损失,拖延的后果可想而知。

哈佛大学教授哈里克曾说:"世上有93%的人都因拖延的恶习而最终一事无成,这是因为拖延能够挫伤人的积极性。"拖延成性的人往往会贪图当下的安逸而止步不前,殊不知,工作、理想、成功乃至生命都会丧失于其中。拖延吞噬了宝贵的时间,使得我们的工作效率低下,生活变得糟糕。一个有拖延习惯的人,就算再有才华,也会错失展现的机会。

拖延是让我们在日复一日中迷失自我的罪魁祸首。认识到拖延的危害性后,我们就要克服它、战胜它。比尔·盖茨曾说过:"很多人喜欢拖延,他们不是做不好事,而是不去做,这是最大的恶习……一旦做出决定就不要拖延,任何事情想到就去做!立即行动!"所以,战胜拖延最好的方法就是提升执行力。

复利思维

有个年轻人慕名去拜访一位成功人士,并向其询问成功的原因。

成功人士只回答了四个字:"立即行动!"

年轻人又问:"遇到挫折时,怎样处理?"

成功人士说:"立即行动!"

年轻人又问:"能不能告诉我不一样的成功秘诀?"

成功人士还是说:"立即行动!"

没错,就是"立即行动"四个字帮助许多人走向成功。一个人取得成功的秘诀就在于从现在开始,立即行动起来。如果你也想获得成功,就要下定决心改变拖延的恶习,与其在拖延中挣扎,度过疲惫又痛苦的每一天,不如现在就对拖延宣战,战胜它,享受美好生活。

《世界上最伟大的推销员》一书中有这么一段话:"我的幻想毫无价值,我的计划渺如尘埃,我的目标不可能达到。然而,除非我付诸行动,否则一切毫无意义。就像一张详尽的地图,无论比例多么精确,它永远无法带领人在地面上移动半步。同样,一个国家的法律,无论多么公正,也无法防止罪恶的发生。任何宝典都无法创造财富。只有通过行动,才能使地图、法律、宝典、梦想、计划和目标具有现实意义。行动就像食物和水一样,能够滋润我并使我成功。"

当你再拖延不前时,不妨大声朗读一下上面这段话,激励自己,停止拖延,立即行动。

第五章

知识复利

——让知识不断以"复利"速度快速迭代

复利思维

永远保持学习的状态

在当今日新月异的社会，竞争的压力和挑战日益增大。无论是在学校、职场还是生活中，我们都能感受到这种激烈的竞争氛围。那么，什么样的人才能在这样的环境中恒久立于"不败之地"呢？这个问题的答案可能会有多种，但可以肯定的是，那些善于通过不断学习提高自己能力的人，在这场激烈的竞争中一定具有明显的优势。因为他们清楚每天积累一点点知识和经验，会在未来产生巨大的效益，并为此而不断学习。

人生是一个成长的过程，也是一个不断学习的过程。正如歌德所说："人不是生来就拥有一切，而是靠从学习中所得到的一切来造就自己。"学习是一种信念，也是一种可贵的品质。它是自我完善的过程，也是我们在现代社会立于不败之地的秘诀。当我们不断学习新的知识和技能时，这些知识会相互关联、相互促进，形成一个完整的知识体系。随着时间的推移，这个知识体系会不断扩大和完善，为我们提供更多解决问题的思路和方法。这种积累的过程就像我们的银行存款一样，每存入一笔钱，都会增加我们的总财富。同样，每学习一项新知识，都会增加我们的知识储备，为未来的学习和工作打下坚实的基础。

第五章
知识复利——让知识不断以"复利"速度快速迭代

有名记者曾问李嘉诚："今天您拥有如此庞大的商业王国，靠的是什么？"李嘉诚毫不犹豫地回答："靠学习，不断地学习。"的确，李嘉诚之所以能够建立起庞大的商业王国，秘诀之一就是一直保持着不断学习和进步的状态。

无论身处何种环境，李嘉诚始终将读书视为一种不可或缺的习惯。年轻时，尽管需要打工谋生，但他从未放弃对知识的学习。在那段艰苦的打工岁月里，李嘉诚始终保持着"抢学"的态度。他深知时间宝贵，因此利用每一刻空闲的时间学习。无论是在工作间隙、通勤途中还是休息时间，他总是能够找到时间来学习，以充实自己的头脑。这种坚持不懈的学习态度为他在商业领域取得巨大成功提供了重要助力。

即便建立起了自己的"商业王国"，李嘉诚仍然保持着对学习的热爱和追求。他深知知识是挖掘不尽的财富，只有不断学习才能保持竞争力和创新力，因此他不仅在工作中不断学习新知识、新技能，还积极参加各种培训和研讨会，与业界专家交流经验。

在李嘉诚开始经营塑料厂的早期阶段，他就开始订阅英文版塑料行业杂志。这样做的目的有两个：一是通过阅读这些杂志来提高自己的英语水平；二是了解世界范围内最新的塑料行业动态和发展趋势。在当时的香港，熟练掌握英语的华人可以说是非常罕见的。正是凭借着这门独特的技能，李嘉诚得以顺利地参加各种国际性展销会，与来自世界各地的客户和合作伙伴进行面对面的交流。

如今，尽管李嘉诚已事业有成，但仍爱书如命，坚持不懈地读书学习。一位熟悉李嘉诚的人透露，每天晚上睡前是他雷打不动的阅读时间。

李嘉诚说："在知识经济的时代里，如果你有资金，但缺乏知识，缺乏对最新信息的了解,无论何种行业,你越拼搏,失败的可能性越大;不过如果你有知识,没有资金的话,小小的付出就能够有回报,并且很有可能获得成功。现在跟数十年前相比,知识和资金在通往成功的道路上所起的作用完全不同。"

只有不断地学习,才能不断地进步,才能一步步接近成功。所以,我们要从每个可能的地方努力摄取知识。广博的知识可以使人远离狭隘、鄙陋,胸襟开阔。这样的人才能够从多方面去"接触人生,领会人生"。

在学习过程中,知识的积累和技能的提升不仅取决于学习的数量,还取决于学习的持续性和深度。也就是说,持续不断地深入学习,可以带来更大的知识积累和技能提升。西方白领阶层流行这样一条知识折旧定律:"一年不学习,你所拥有的全部知识就会折旧80%。今天弄懂的东西,到明天早晨就过时了。现在有关这个世界的绝大多数观念,也许在不到两年时间里,将成为永远的过去。"的确如此。当今时代,知识更新越来越快,唯有不断学习新的知识和技能,充实自己以提高自己的能力和水平,才能适应实际工作的需要。如果你满足现状,不思进取,那么,你就不能使自己的命运向更好的方向发展。

学习是一个逐步积累的过程,每一次的学习都是对已有知识的补充和扩展。如果我们能够持续不断地学习,那么知识的积累就会像雪球一样,越滚越大。而且,随着知识的积累,我们对新知识的理解和掌握也会越来越快,这就是学习产生的复利效应。

学习不仅仅是获取知识,更重要的是通过学习提升我们的能力。每一次的学习,都是对我们能力的一次锻炼和提升。这些能力就像是利息,会不断累积,形成一种能力储备。而这种能力储备,就是

第五章
知识复利——让知识不断以"复利"速度快速迭代

我们的"财富"。有了这个"财富",我们就能更好地实现自我价值。

两年前,周涛和王铮同时被一家房地产公司录用。两人都是从最基层的销售岗位开始。两年的时间过去了,他们的命运却发生了截然不同的变化——周涛被提拔为公司的销售总监,月薪由最初3000元上升到现在的2万元。而王铮还是原地踏步,每月拿着3000元左右的绩效工资。为什么差别如此大呢?

原来,王铮满足于现状,对学习和成长没有太大的兴趣,不愿意进一步提升自己。然而,与他不同的是,周涛进入公司之后,看到有的老员工每月可拿一万元左右的薪水,羡慕得不得了。这种羡慕之情激发了他内心深处的渴望,他开始思考:如何通过不断给自己"充电",让自己变得更有价值?他知道,只有不断提升自己的能力,才能在职场上脱颖而出,获得更好的发展机会。他开始主动寻找学习的机会。他利用业余时间参加各种培训班和研讨会,不仅扩展了自己的专业知识,还学习了与工作相关的技能。除了参加培训,他还积极阅读相关的书籍和文章,不断扩充自己的知识面。他积极关注行业的最新动态和趋势,了解市场的变化和需求,以便更好地适应工作环境的变化。此外,他还主动向那些业绩好的同事学习经验和技巧,虚心接受他们的指导和建议,不断完善自己的工作方法和思维方式。

周涛的努力逐渐得到了回报。他的工作能力和专业知识得到了提升,在工作中展现出了更高的效率和创造力,价值逐渐被公司认可。一年后,周涛被提升为销售经理。两年后,又顺利地被提拔为销售总监。一路走来,虽然辛苦,但终于取得了显著的成绩,达到了自我增值的目的。

复利思维

不断地学习是成功的重要条件。学习能力，从某种意义上来讲，就是竞争能力。一个人只有具备比别人更强的学习能力，才会在竞争中脱颖而出，战胜对手。

奥文·托佛勒曾说："在这个伟大的时代，文盲不是不能读和写的人，而是不能学、无法抛弃陋习和不愿重新再学的人。"未来的竞争是能力、知识与专业技能的竞争，一个人如果不善于学习，前途就会一片渺茫。在这个信息爆炸的时代，学习已经成为我们生活的一部分。我们需要不断地学习，以适应社会的发展，满足自我成长的需求。而学习的复利效应，就是我们在这个过程中可以享受到的一种"红利"。

第五章
知识复利——让知识不断以"复利"速度快速迭代

阅读，是成长的基本路径

在我们的生活中，有一种投资，它无须巨大的资金，却能带来无尽的回报，那就是阅读。阅读一本好书，就像在心中种下一颗种子，它不断生长，最终开花结果，产生复利。

读书是知识积累的最好方法之一，不仅可以帮助我们了解世界，还可以培养和提高我们的思考能力和判断力。

众所周知，古今中外有很大一部分成功人士，因种种原因，并没有受过良好的教育。而他们之所以能成功，除了有远大的志向、坚强的性格和受家庭的影响外，往往得益于某种启迪。而这种启迪最主要的来源就是读书。

书籍是人类知识的载体，记录了人类千百年来的进步，通过阅读不同的书籍，掌握各个时期、各个种类的知识，进而拓展自己的知识面，提高思维能力，这就是读书的重要意义。每一本有价值的书都是一个宝库，无论是科学理论，还是历史故事，都可以让我们的视野更加开阔，思维更加深邃。这种知识的价值，就像投资的本金一样，是我们获取复利效应的基础。每一次阅读都会让我们的知识储备增加，而这些知识又会在未来的学习和工作中发挥出巨大的作用。

复利思维

富兰克林是18世纪美国伟大的政治家和科学家,是美国历史上最伟大的人物之一,他以其卓越的才华和渊博的知识而闻名于世。

有一次,有人问他:"您渊博的知识是如何获得的?"富兰克林毫不犹豫地回答:"靠自学。"接着他又补充道:"读书是我的唯一娱乐。"这个简短的回答揭示了富兰克林成功的秘密。

富兰克林只接受过两年学校教育,他知识的获取依靠的是自学。他坚持阅读各种书籍。正是通过坚持不懈的自学,富兰克林逐渐积累了丰富的知识。各种各样的书籍成为他的良师益友,为他提供了无尽的启示和指引。他不仅阅读科学、历史、文学等方面的书籍,还广泛涉猎哲学、政治、经济等学科。书籍不仅丰富了他的知识储备,还给他增加了智慧和力量,指引着他登上科学的高峰。

许多成功人士在回顾自己的成长道路时,常常将其中最真诚、最辉煌的瞬间与一本或几本好书联结在一起。一本好书能够给予一个人一生的启蒙,甚至产生终生的影响,这有多神奇!

在当今信息时代,知识的更新频率越来越快,阅读是人了解社会的重要方式,也是人认识社会和自然界的重要方式!阅读好书就像跟历代名贤圣哲促膝长谈,他们高尚的节操会对我们产生潜移默化的影响。

阅读是完善自我的必由之路。哈佛大学前任校长艾略特说得好:"养成每天用十分钟阅读有益书籍的习惯,二十年后,思想上将有大的改进。所谓有益的书籍,是指对身心健康、成长有益的书籍,不管是小说、诗歌、历史、传记或其他种种。"

书籍是知识信息的载体,是智慧的结晶。莎士比亚说过,生活里没有书籍,就好像没有阳光;智慧里没有书籍,就好像鸟儿没有翅膀。富兰克林也说过:读书是我唯一的娱乐。

一定程度上说,读书是一个成功者的必备素质。只有博览群书,才能知上下千年史,识古今中外事,才有可能"究天人之际,通古今之变",把握事物发展的客观规律,才能具备修身齐家治国平天下的智慧和能力。

阅读不仅仅是获取知识,更能提升能力。通过阅读,我们可以学习到各种各样的技能和技巧,比如写作、沟通、思考等。这些技能在我们的日常生活和工作中都有着重要的作用。当然,这些能力的提升是需要时间积累的,只有通过不断地阅读和实践,我们才能真正提升自己的能力。

需要注意的是,要想享受到阅读带来的复利,我们需要持续地阅读、思考和实践。只有这样,我们才能在知识的海洋中不断前进,才能在人生的旅途中不断成长。阅读是一种投资,它的回报是无形的,但却是最宝贵的。因为,只有知识和智慧,才能真正地改变我们的生活,才能真正地实现我们的价值。

总之,阅读就像一种复利,你付出的每一分努力,都会在未来的某一天,以惊人的效果回报给你。因此,我们应该养成良好的阅读习惯,将阅读作为一种持续学习和成长的方式,让阅读的复利效应在我们的生活中发挥出最大的作用。只有这样,我们才能在未来的生活和工作中取得更大的成功。

复利思维

努力成为行业里的专家

在现实生活中,我们经常会遇到那些在某个领域或技能上非常擅长的人,他们可能是艺术家、音乐家、运动员、科学家等。这些人之所以能够在某个领域或技能上取得如此出色的成就,往往是因为他们在相应领域或技能上有着深厚的积累和不断的努力。

在当今社会,专业人士的价值被越来越多的人所认识和接受。他们以自己的专业知识和技能,为社会的发展做出了巨大的贡献。他们的知识和技能就像是一种投资,会产生复利效应。例如,你是一名程序员,掌握了一门编程语言。开始时,你可能只能编写一些简单的程序。随着经验和知识的积累,你可以编写出更复杂的程序,甚至能够开发软件。这就是你编程技能的复利效应。你不仅可以通过编程来赚钱,还可以通过编程来提高技术水平,从而获取更多的工作机会。

在香港这个繁华的都市中,有一位被尊称为"打工皇帝"的人,他的年薪高达千万港币。这位"打工皇帝"的成功并非偶然,他总结自己的成功秘诀在于:"想办法让自己成为专业人士,让自己变得无法取代,就会变得很值钱。"他进一步说:"现代的社会是知识经济的时代,已经不只360行,而是360万行,社会分工越细,做一个

第五章
知识复利——让知识不断以"复利"速度快速迭代

全才就越不可能,而且被取代的机会就越大。只有具备独特优势的人才能够脱颖而出。所以,成为某个领域的专家是最好的选择。"

《庄子》一书中,描写了两个技艺超群的人。

一个是宰牛的庖丁,他可以用刀将一头庞大的牛熟练无比地分割开,每一刀都准确无误。他的技艺已经达到了炉火纯青的地步,每一次切割都充满了艺术的美感。更令人惊奇的是,庖丁的刀已经使用了十九年,宰杀的牛有几千头,而刀仍然锋利如初。

另一个是精通各种手艺的匠人,无论是木工、铁工还是陶艺,他都能游刃有余地驾驭。有一天,一人将白灰轻轻抹在了自己的鼻尖上,然后请这名匠人来削掉这层白灰。匠人接过斧头,挥舞起来,只见斧头在空中划出一道弧线,一闪而过,将那人鼻尖上的白灰削掉,却没有伤到那人鼻子分毫。这一幕让在场的所有人都惊叹不已,纷纷赞叹匠人技艺高超。

尽管二人从事不同的行业,但共同之处在于技艺超群,达到了出神入化的境界。这就是专业,这就是一技之长,不仅仅是对某个领域的深入理解和熟练掌握,更是一种对细节的极致追求和对技艺的精益求精。

在任何一个行业,都需要有专业知识和经验的人才。这些人才就像一颗颗种子,被投入行业中,会不断吸收新的知识和经验,就像种子在土壤中吸收养分一样。这样,他们的知识库和经验库就会不断扩大,进而帮助他们在职业生涯中取得更大的成功。

法国文学家雨果说:"只要学有专长,就不怕没有用武之地。"很大程度上,社会不要求我们是"通才",但要求我们是"专才"。行行出状元,只要拥有一技之长,就可以成为一个行业的精英,成为企业需要的人才。只要拥有了"一技之长"、拥有了一个"绝招",

就有了竞争的资本、就有了谋生的手段。所以说,"千招会"不如"一招绝"。只有真正精通自己的职业,才能在竞争激烈的职场中脱颖而出,实现个人事业的成功。

一位著名的企业家说:"'万事通'在我们那个年代还有机会施展,现如今已一文不值了。"所以,有些时候,掌握多种职业技能,还不如精通其中一两种。什么事情都知道些皮毛,不如在某一方面懂得多,理解得更透彻。要生存,就必须有过硬的本领。我们可以没有高学历、可以没有圆通的处世智慧,但是,一定要有一项过硬的专业技能和本领。

一家公司的一台大型设备发电机发生故障,导致整条生产线停止工作,公司的技术人员围着电机研究了几天,就是找不出毛病。后来,公司请来一位专家。这位专家不停地绕着电机转悠,这儿看看,那儿敲敲。几天后,他把大家召集到一起,然后爬到电机顶上,用粉笔在外机壳上画了一条线,说:"此处烧坏了13圈线圈。"技术人员拆开一看,果然如此,电机很快就修好了,并恢复了正常运行。

专家向这家公司索要10万元的报酬。有人质疑说:"你只是用粉笔画了一条线,凭什么值10万元?"这位专家莞尔一笑说:"因为我知道这条线应该画到哪里,这是我的专业。"后来,这名专家被公司聘请为技术顾问,负责为公司提供专业的技术支持。

在这个知识经济的时代,专业人士的作用越来越重要。专家之所以能成为专家,是因为他们在某个领域投入了大量的时间和精力,通过不断的学习和实践,积累了丰富的知识和技能。这些知识和技能如同他们的资本,可以通过时间的积累,产生出巨大的复利效应。

第五章
知识复利——让知识不断以"复利"速度快速迭代

在世界的任何地方，拥有一技之长的人都会受到欢迎。无论你从事什么职业，都要设法了解这个行业领域中的所有问题，要比别人更熟悉它、精通它。如果你能够成为工作方面的行家里手，精通相关业务，那么你就拥有了成功的秘密武器。

智者巴尔塔沙·葛拉西安在其《智慧书》中告诫人们："在生活和工作中要不断完善自己，使自己变得不可替代。让别人离了你就无法正常运转，这样你的地位就会大大提高。"所以，无论从事什么行业，要想在该行业中站稳脚跟，做出一番成就，就必须具备一定的专业技能，只有在自己的专业技能方面精益求精，才能成为本行业的尖兵。

在当今竞争激烈的社会中，拥有出色的专业技能是取得成功的关键之一。当我们在某个领域投入时间和精力去学习和实践时，我们会逐渐积累起丰富的知识和经验。这些知识和经验将构成我们在该领域内的核心竞争力，赋予我们更强的能力来应对多样化的挑战和问题。随着我们知识和经验的不断增长，我们将拥有更多的机会并取得更大的成功。

总之，成为一个专业人士是增强自己优势的不二法则。只要我们在某个领域不断积累和提升，就能够获得越来越多的回报。

复利思维

向竞争对手学习

在人生的道路上,我们总会遇到各种各样的对手,他们可能是我们的同龄人,也可能是我们的前辈或者后辈。面对对手,我们的态度一定程度上决定了我们的成长速度。如果我们抱着敌意去对待对手,那么我们只会陷入无尽的争斗之中。而如果我们选择向竞争对手学习,我们就能享受到复利效应,进而实现我们自身的快速增长。

如,在工作中,我们会遇到一些难以解决的问题。这时,如果有一个强大的对手,可以解决这个问题,那么一定程度上,就可以激发我们的斗志,促使我们去努力克服困难。同时,对手也会成为我们学习的榜样。我们可以选择向他们请教问题,借鉴他们的经验和方法,进而更快地提高自己的能力。这种向竞争对手的学习,可以视为一笔知识性的投资,会在未来产生巨大的回报。

哈佛大学曾进行过一项深入研究,研究对象是美国上千名在各自领域取得杰出成就的人。这项研究的目的是寻找这些成功人士的共同特质和行为模式。经过详细的分析和研究,研究人员发现这些杰出者有一个共同的特点,那就是他们倾向于向对手学习,与对手合作,而不是处心积虑地试图击败对手。

第五章
知识复利——让知识不断以"复利"速度快速迭代

这个发现可能对很多人来说是出乎意料的。因为在竞争激烈的环境中,人们往往会认为,要想取得成功,就必须尽可能地压制对手,甚至消灭对手。然而,哈佛大学的这项研究却揭示了一个完全不同的观点:只有通过学习对手的长处,总结对手的成功经验,吸取对手的教训,避免重犯对手犯过的错误,才能更好地提升自己的竞争力。

这种观点强调的是合作和学习,而不是对抗和竞争。从这个角度上看,对手并不是我们的敌人,而是我们的老师。我们可以从对手那里学到很多东西,包括他们的成功经验和失败教训。通过这种方式,我们可以不断提升自己的能力和素质,从而在竞争中取得优势。

一定程度上说,竞争对手是我们最好的学习对象。学习对手,欣然以对手为"师",虚心观摩学习对方的长处,这不仅是一种态度,更是一种思路,一种赢的策略。向竞争对手学习,我们可以更好地了解自己的优势和不足之处,并采取相应的措施来查缺补漏,进而提高自己的竞争力。这种学习和改进的过程可以不断重复、积累,产生复利效应,从而在未来的竞争中产生更大的影响和回报。在当今的激烈竞争中,当你的实力暂时无法与对手抗衡时,无论你是选择逃跑,还是拼死一搏,都是愚蠢的行为,最明智的做法是先向对手学习,再赶超对手。

沃尔玛公司是一家在全球范围内享有盛誉的美国连锁企业。这家公司的成功离不开其创始人山姆·沃尔顿的独特经营理念。山姆·沃尔顿非常注重从竞争对手那里学习。山姆·沃尔顿喜欢去竞争对手的商店进行实地考察,会仔细观察他们的经营方式、商品定价以及商品的陈列方式,看看他们是否有比自己更好的策略和方法。

复利思维

他把这些有价值的信息记录下来，以便回去后进行深入的研究和分析。他录下他在竞争对手商店中的所见所闻，或者在笔记本上详细记下他的观察和思考。之后，他设法将这些从竞争对手那里学到的知识和经验，运用到自己的经营中，以期能够使自己的经营做得更好、更具竞争力。

山姆·沃尔顿经常挂在嘴边的一句话是："向竞争对手学习，然后走自己的路。"一旦他发现竞争对手有更先进的做法，即使是一个很小的细节，他也会立刻将其变为己用，并努力做到更好。在早期经营中，他的竞争对手斯特林商店开始采用金属货架代替木制货架。沃尔玛发现了金属货架的优点后，迅速在自己的商店中用金属框架代替之前的木制框架。沃尔玛公司由此成为全美第一家百分之百使用金属货架的商店。这一举措不仅提高了沃尔玛的陈列效果，还增加了顾客的购物体验。

另外，沃尔玛的另一家竞争对手本·富兰克特特许经营店实施了自助销售模式。山姆·沃尔顿先生意识到这一模式的重要性，连夜去学习并深入了解了自助销售的运作方式。回来后，他开设了一家自助销售店，成为当时全美第3家采用这一模式的商家。

正是这种时刻关注竞争对手并学习的态度，使得沃尔玛公司成为全球零售业的领军企业。

在竞争激烈的商业环境中，向对手学习是一种非常重要的策略。通过观察和分析竞争对手的成功之处，从中吸取宝贵的经验和教训，进而提升自己的竞争力。

这种学习所带来的复利效应是巨大的，它不仅能够帮助我们在市场上取得优势地位，还能够推动个人和组织不断进步。

第五章
知识复利——让知识不断以"复利"速度快速迭代

学习竞争对手是复利思维的一种反映。以对手为师,向对手学习制胜之道,可以节省我们的精力和成本;从对手那里吸取经验教训,可以让我们少走弯路,少受挫折。马云在《马云点评创业》中曾说:"我认为选择优秀的竞争者非常重要,我们要善于选择好的竞争对手并向他学习。"竞争最大的价值,不是战败竞争对手,而是通过向竞争对手学习以弥补自己的不足。每个人身上都有值得我们学习的优点,尤其是在竞争日益激烈的今天,向你的竞争对手学习,不断完善自己、壮大自己,越来越显示出其必要性和迫切性。

对手是最好的老师,向竞争对手学习是自我增值的方式之一。孔子云:"三人行,必有我师焉。"俗语说:"三个臭皮匠,顶个诸葛亮。"说的都是同样一个道理,每个人身上都有值得他人学习的长处与优点,更何况是竞争对手。不要把竞争对手当作你的敌人,如果我们能够换个角度看待竞争对手,从他们身上学习到有价值的东西,那么这种竞争关系就会变成一种互惠互利的关系,进而产生复利效应。

向竞争对手学习是一种积极的态度,是一种成长的方式。通过向竞争对手学习,我们能够不断提高自己在竞争中的能力。所以,让我们把竞争对手看作我们的老师,从他们身上学习到更多的知识和技能,以此来提升自己,实现自己的人生目标吧。

第六章

认知复利

——改变思维方式,不断提升认知水平

复利思维

拥有积极的思维方式

人与人之间的差异，其实只是一点点。然而，这看似微不足道的差别，却能带来极大的不同。这个小小的差别，就是人们的思维方式。而这个思维方式的巨大差异，一定程度上，主要体现在它是积极的还是消极的。

遇事态度积极的人的思维方式总是充满了活力。他们更倾向于采取行动，而不是坐等事情发生。他们相信，只有通过自己的努力，才能改变现状并实现目标。他们不会因为困难而退缩，而是会积极寻找解决问题的方法。相反，遇事态度消极的人的思维方式则充满了悲观。他们倾向于守株待兔，等待机会自动降临。他们往往对事情持怀疑态度，认为一切都是徒劳无功的。他们害怕失败、害怕挑战，因此往往选择安稳的生活，不愿意尝试新的事物。

遇事态度积极的人看到半杯水，会说杯子是半满的，意味着他们看到的是希望和机会。在他们看来，即使面临困难，也总会有出路的。遇事态度消极的人看到半杯水，会说杯子是半空的，意味着他们看到的是绝望和无望。在他们看来，无论做什么都是徒劳无功的。

从复利思维的角度来说，积极的思维方式会带来积极的回报，

第六章
认知复利——改变思维方式，不断提升认知水平

而积极的回报又会进一步刺激我们的积极情绪，从而形成一个良性循环。相反，消极的思维方式会带来消极的回报，而消极回报又会进一步增加我们的消极情绪，最终形成一个恶性循环。

让我们来看一个例子。假设你是一名学生，你正在为一场重要的考试做准备。如果你以消极的态度去看待这场考试，可能会感到压力巨大，甚至可能会因为害怕失败而选择放弃。然而，如果你以积极的态度去看待这场考试，你可能会把它看作一个展示你能力的机会，你会全力以赴地去准备，即使结果不尽如人意，你也会从中学到一些东西。

在这个例子中，你的积极思考就像是一种投资。你的努力和坚持就是你的"本金"，你的积极情绪就是你的"利率"。随着时间的推移，你的积极思考会带来越来越多的正向回报。这些回报可能是更好的考试成绩，也可能是更强的自信心，或者是更深的自我理解。这些回报会进一步提高你的积极情绪，形成一个良性循环。你会发现，积极思考的时间越长，你的生活就会变得越好。这就是积极思考带来的复利效应。

生活中，我们总会遇到各种挑战和困难。面对这些难题，如果我们消极逃避，那么问题只会越积越多，最终让我们陷入无法自拔的困境。然而，如果我们选择积极面对，用乐观的态度去看待这些问题，那么我们就能更好地应对这些挑战，并从中获得更多的回报。

有两位70岁的老太太，她们的生活态度和选择截然不同。一位老太太认为，到了这个年纪，人生已经接近尽头，于是开始着手准备自己的后事。

另一位老太太却有着不同的看法。她坚信，一个人能做什么事，

复利思维

并不完全取决于年龄的大小，而在于有什么样的想法和决心。所以尽管她已经70岁，但她并没有选择安逸的生活，而是选择了挑战自我，勇敢追求自己的梦想。她的目标是攀登世界上一些有名的山峰。这些山峰不仅险峻，而且对登山者的身体和意志都有着极高的要求。但显然这位老太太并没有被这些困难所吓倒，她以坚定的决心和不屈的精神，一步一步地向着自己的目标前进。在她的努力下，她成功地攀登了几座世界著名的山峰，还以95岁高龄登上了日本的富士山，打破攀登此山年龄最高的纪录。这位老太太就是著名的胡达·克鲁斯老太太。

70岁开始学习登山，不能不说是一大奇迹。但奇迹是人创造出来的。一个人的思维方式对成功与否具有重要影响。一个积极思维者总是能够看到问题中的机会和潜力，不会被困难所吓倒，而是勇敢地面对挑战，寻找解决问题的办法。胡达·克鲁斯老太太的壮举正验证了这一点。

研究表明，那些能够成功的人往往具备积极的态度和乐观的心态。他们相信自己的能力，相信困难只是暂时的，相信只要努力就能够克服一切。相反，那些消极的人往往会放大困难，会被困难所吓倒，他们总是抱怨命运不公、抱怨自己没有机会。然而，事实上，成功与否并不取决于外部环境，而是取决于我们的态度和行动。

一个人的思维方式决定了他的行为，而行为又直接影响到结果。当我们用积极的态度去面对困难时，我们就能更好地应对挑战，找到解决问题的方法。相反，如果我们总是抱怨和悲观，那么我们就会陷入困境，乃至无法自拔。

第六章

认知复利——改变思维方式，不断提升认知水平

山姆失业了。他是被公司解雇的，而且公司没有给出任何解释，只是简单地说公司的政策发生了变化，不再需要他的服务了。突如其来的解雇让山姆感到非常困惑和沮丧。他为公司付出了很多努力和汗水。然而，现在却要被迫离开了。更令他难以接受的是，就在几个月以前，另一家公司还想以优厚的条件将他"挖"走。当时，山姆将这件事情告诉了老板，老板极力地挽留他："我们更需要你！而且，我们会给你一个能更好发挥你能力的舞台。"而现在，却落到了如此田地，可想而知他有多痛苦。

每天早晨，山姆醒来时都感到一阵无力和迷茫。他不再有工作的目标和动力，整个人失去了方向感。他开始怀疑自己的价值和能力，觉得自己已经不再被人需要。这种不被重视的感觉让他倍感失落和无助。在寻找新工作的过程中，山姆遭遇了一次又一次的失败和拒绝。每次面试都以失败告终，他的信心逐渐被击垮。他开始怀疑自己是否真的有能力胜任一份工作，甚至开始怀疑自己存在的意义。在这种心境下，怎么可能找到合适的工作呢？

有一天，山姆在整理书架时，无意中翻出了一本名为《积极思考的力量》的书。书中的内容让他深受启发，山姆开始思考自己目前的生活状况。他发现自己的内心充满了许多消极负面的情绪，这些负面情绪正是使他一蹶不振的主要原因。山姆意识到，要想发挥积极思考的作用，自己首先必须做到一点——排除那些消极情绪。于是，他开始尝试寻找各种方法来调整自己的心态，努力摆脱那些困扰自己的消极情绪。在这个过程中，山姆逐渐发现，一旦将注意力从消极的事物上转移到积极的事物上，他的心情也随之变得轻松愉快。他体会到了积极思考的力量，确信它真的可以改变一个人的生活。

复利思维

随着时间的推移，山姆的生活发生了翻天覆地的变化。他不再被消极情绪所困扰，而是对未来充满了期待和信心。他开始重新规划自己的职业生涯，报名参加了一些培训课程，努力提升自己的技能和知识水平。此外，还积极参与社交活动，扩大人脉圈，寻找新的就业机会。经过一段时间的努力，他终于找到了一份理想的工作。这一切都要归功于他思想的改变。

积极的思维方式是成功的法宝。有了积极的心态，我们就能体验到积极思维所带来的复利效应。当我们遇到困难时，我们会积极地去寻找解决问题的方法，而不是抱怨和逃避。这样，我们就更容易找到解决问题的方法，进而克服困难。同时，我们也会因为解决了问题而感到快乐和满足，而这种快乐和满足又会进一步激发我们的积极心态，进而形成良性循环。

所以，如果你想改变自己的世界、改变自己的命运，享受积极思维的复利，那么首先就要完善或改变自己的思维方式。

第六章
认知复利——改变思维方式，不断提升认知水平

别让思维定式捆绑住你

现实生活中，人们常常被一些习惯性事务所困扰，无法充分发挥自身的潜能。主要是因为人们没有突破思维定式，将自己限制在一个既定框架内。

所谓思维定式，是指由于过去的经验和习惯，人往往会按照固定的思维模式去考虑和解决问题。这种相对固定的思维方式在一定程度上可以帮助我们快速、有效地处理问题，但同时也会限制我们的思考空间，使我们进入固定的思维模式，无法跳出原有的框架进行创新性思考。举个例子，某小学在办理新生入学手续时，发生了一件令人惊讶的事情。两个小男孩同时来学校报名，他们的外貌极其相似，出生年月日、家庭住址和父母的姓名也都完全一样。在场的老师自然而然地认为他们一定是双胞胎，就问他们："你俩是双胞胎吧？"然而，他们却异口同声地否认了。

这一幕让在场的老师们都愣住了，他们无法理解为什么这两个孩子看起来如此相似，却不是双胞胎。事实上，他们确实不是双胞胎，而是三胞胎中的两个。

绝大多数人在看见两个容貌酷似的小孩时，会马上想到他们是双胞胎，原因就在于人们习惯了常规性思维。

复利思维

常用的思考方式会让人们常常不自觉地沿着以往熟悉的方向和路径进行思考，而不会另辟蹊径，导致人们出现思维惯性。

某厂从国外引进一台先进的样机。这台样机在技术上具有很多创新之处。然而，在仿制生产的过程中，技术员们发现了一个令人费解的问题：样机的底座上有一个螺帽，而螺帽仅仅是旋在底座上，与其他部件没有任何联系。那么，螺帽起什么作用呢？厂领导和技术员们都感到非常困惑。他们仔细观察这个螺帽，试图找出它存在的意义。经过一番研究和探讨，领导们最终做出了一个决定："既然样机上有这样一个螺帽，那想必就有它存在的道理，我们照葫芦画瓢就行了。"

于是，技工开始按照领导的指示行动起来。他们在本来完好无缺的底座上钻了一个孔，然后给孔旋上一个螺帽。技工认真地完成了任务，满怀信心地等待着样机生产商派技术员回访。不久，样机的生产商派来一位技术员进行回访。他仔细地观察该厂生产的机器，发现每个机器底座上都安了一个螺帽，忍不住放声大笑起来。原来样机上的那个螺帽，是由于生产时操作工人不小心钻错了一个孔，为了掩饰这个错误，才安的一个螺帽。哪想到客户竟会如此不动脑筋地照葫芦画瓢？听完技术员的解释，厂领导和技工不禁感到有些尴尬。

其实，这并不是这个厂的技术人员不愿意动脑筋或者缺乏创新精神。事实上，他们曾经多次对这个问题进行了深入的研究和探讨。然而，由于他们内心深处存在着固定的思维模式，即认为样机肯定是没问题的，我们只需要照搬照抄就可以了，这种墨守成规的思维方式，最终导致了令人啼笑皆非的结果。

这个故事再一次提醒我们：阻碍我们成功的，往往不是我们未知的东西，而是我们已知的东西。知识和经验丰富，是好事，但有时候知识和经验反而会限制我们的思想，会在我们的头脑中形成思维定式。这种思维定式会束缚我们的思维，将我们的思路固定在框架内。

事实表明，在思维定式的影响下，人们的思维方式会陷入一种恶性循环中。如果我们能够打破思维定式，就有可能找到新的、更有效的解决问题的方法，这些方法不仅可以解决当前的问题，而且还可以为以后的问题提供解决方案或新思路，从而使得我们的思维能力不断提高，最终带来巨大的回报。

圆珠笔作为一种常见的书写工具，曾因为漏油的问题而备受诟病。人们通常的思维模式是，由于笔珠在使用过程中会被磨损，逐渐变小，因此笔油就会随之流出。基于这样的逻辑，人们自然而然地认为，应该通过增强笔珠的耐磨性来解决这个问题。

然而，这种解决方案并没有从根本上解决问题。尽管笔珠的耐磨性得到了提升，但是新的问题又随之产生，笔芯头部内侧与笔珠接触的部分磨损性没有改变，漏油的问题依然存在。

有个人深入分析了影响漏油的另一个可能因素——油墨过剩。他意识到，如果能够控制油墨的装填量，或许就能够解决漏油的问题。经过研究，他发现，当写到2.5万字左右时，笔开始漏油。于是他想，如果将笔管里的油墨减少，使得写到2万字时笔芯中就没有油墨了，这个问题不就解决了吗？

实验结果证明，减少油墨量可以很好地解决圆珠笔漏油的问题。

复利思维

有时候，很多问题并不能通过常规方法和套路解决，此时，就要跳出原有的思维模式，换个角度想问题，往往会出现意外的惊喜。正如当代著名趣味数学家马丁·加德纳所说的：有些问题用传统的常规方法去解决确实很困难，但如打开思路，打破常规，难题可能就会迎刃而解。

在当今这个日新月异的时代，思维定式如同一道无形的枷锁，限制了人们的创造力和想象力。打破思维定式，不仅能够激发个人的潜能，还能积累起强大的创新能力，产生复利效应，带来长远的、倍增的正面影响。

当我们不再受限于传统的思维模式时，就能够更加自由地探索未知领域，学习新知识，进而不断提升自己的能力和素质。这种成长是指数级的，因为每一次的思维突破都会为下一次的创新提供更多的可能性。

第六章
认知复利——改变思维方式，不断提升认知水平

做一个勤于思考的人

思考是人生最大的财富，它不仅能够帮助我们找到新的起点，还能够引领我们走上成功的道路。每一次的思考都是对已有知识和经验的总结和提炼，同时也为未来的思考奠定了基础并提供了参考。通过不断地思考和反思，我们可以逐渐建立起自己的知识体系和思维方式，从而在面对新的问题时能够更加从容和高效。

这种积累的过程就像滚雪球一样，越滚越大，最终会带来巨大的回报。拿破仑·希尔说："思考能拯救一个人的命运。"事实的确如此。我们知道，一个人的成就大小关键取决于他有多大的创造力，而创造力则来自他的思考能力。就是说，具备思考能力的人，才能掌握自己的命运。不具备思考能力，创造力根本无从谈起，掌握自己的命运更是无稽之谈。

我们所制定的计划、目标，都是我们思考的产物。人的思考能力是自己唯一能完全控制的东西。一定程度上说，没有正确的思考，就不会有正确的行动。那些成大事者都养成了勤于思考的习惯，他们善于发现问题、解决问题，不让问题成为人生的难题。爱因斯坦狭义相对论的建立经过了"十年的思考"。他说："学习知识需要思考、思考，再思考，我就是靠这个学习方法成为科学家的。"思想家黑格

复利思维

尔在著书立说之前曾缄默6年,不露锋芒。在这6年中,他以思为主,专研哲学。这平静的6年,其实是黑格尔一生中最富有成效的。牛顿从苹果落地现象中思考出了万有引力理论,有人问他有什么诀窍,他说:"我没有什么诀窍,只是对一件事情做长时间的思考罢了。"

约翰曾是一名美国士兵,后因受伤不得不提前结束了自己的军旅生涯。退役后,他被送往一家专门为退役军人提供康复服务的医院接受治疗。在医院的日子里,约翰逐渐从伤痛中恢复过来。在这段时间里,他开始阅读一本名为《思考致富》的书籍。这本书教会了约翰如何运用自己的智慧去思考问题,进而找到解决问题的方法。

退役后的他面临着谋生的问题。经过一番思考,他突然想到了一个方法。之前约翰了解到,许多洗衣店都会将刚熨好的衬衣折叠在一块硬纸板上,以保持衬衣的硬度,避免皱褶。这个细节让约翰灵光一闪。约翰开始给附近的洗衣店写信,询问这种衬衣纸板的价格。最后他得知每千张纸板价格为4美元。这个价格对洗衣店来说可能并不算高,但对约翰来说,却是一个能够赚钱的商机。约翰决定以每千张1美元的价格向洗衣店出售这种纸板,但要求在每张纸板上登一则广告。这样一来,登广告的人就需要支付一定的广告费用,而约翰则可以从中获得一笔收入。

康复出院后,约翰开始着手实施他的计划。他与一家印刷公司合作,制作了一批高质量的衬衣纸板,并在每张纸板上都印有一则吸引人的广告,吸引了许多商家的关注。

随着时间的推移,约翰的生意逐渐兴旺起来。越来越多的洗衣店开始订购他的衬衣纸板。同时,越来越多的商家也愿意在约翰的纸板上登广告,因为他们看到了这个广告平台的价值。

第六章
认知复利——改变思维方式，不断提升认知水平

从这以后，约翰始终保持他住院时养成的习惯——每天花一定时间从事学习、思考和计划。

有一次，约翰注意到，衬衣纸板一旦从衬衣上拆下来之后，往往就会被丢弃。这让他产生了一个思考：怎样才能使客户保留这种登有广告的衬衣纸板呢？

约翰尝试找到解决方案。他想到，可以在衬衣纸板上添加一些有趣的元素，以吸引顾客的注意力。例如，可以在纸板上印一些有趣的图案、漫画或者谜语，让顾客在拆下纸板后仍然愿意保留它。这样一来，顾客不仅可以享受到洗衣店的服务，还可以在闲暇时欣赏这些有趣的内容。最终这个主意给他带来了巨大的成功和收益。

约翰在思考中学到了致富的秘籍，他把思考当成一种习惯，每当问题出现时，他并不是急于行动而是首先进行积极的思考。因为约翰知道，唯有好好思考，行动才有意义。

善于思考的人往往更容易获得成功。"石油大王"洛克菲勒曾说过："我永远信奉做事越少，赚钱越多的真理。我的时间有限，我只去做那些需要自己思考的事情，这才是我经商致富的关键。"的确如此，只有通过深入思考，我们才能够抓住商机，做出明智的决策，获得更多的财富和成功。

思考所带来的复利效应是非常显著的。它可以帮助我们深化对问题的理解，促进学习与成长，激发创新和创造力，以及提升思维及逻辑推理能力。因此，我们应该时刻保持思考的习惯，让思考成为我们生活中不可或缺的一部分。只有这样，我们才能够获得更多的收获和成长。

思考是人们进步的阶梯，也是取得成功的关键。法国作家雨果

复利思维

说：认真思考一天，胜过蛮干十年。善于思考的人，用大脑做事，而不只是用双手做事。在生活中，仅仅一味苦干奋斗，埋头拉车而不抬头看路，结果常常是原地踏步。所以，我们要善于观察、学习、思考和总结，无论大事小事都要想一想，让思考成为一种不可或缺的习惯。

第六章
认知复利——改变思维方式，不断提升认知水平

压力也是动力

美国有一句俗语："被推到水里的人，能很快学会游泳。"这句话告诉我们：在一定的情况下，压力也会变成动力，助推我们获得成功。

大多数人可能认为，压力是一种消极因素，殊不知，换一个角度看问题，压力又是前进的动力。当面临压力时，我们往往会被迫去寻找解决问题的方法。这个过程会激发我们的创新思维，使我们能够找到新的解决方案。同时，压力也会促使我们不断提升自己的能力，以应对更大的挑战。这种自我提升的过程，就像是复利效应一样，会使我们的能力随着时间的推移而逐渐增长。

有一哲人说过："要想有所作为，要想过上更好的生活，就必须去面对一些常人所不能承受的压力，就得像古罗马的角斗士一样去勇敢地面对它、战胜它，这就是你必须走的第一步。"的确，压力中潜藏着成长的机缘。正所谓：哪里有压力，哪里就有成长的契机。

有一位经验丰富的老船长曾驾驶着货轮穿越了无数次风暴和海浪，积累了丰富的航海经验。然而，在一次卸货返航的途中，货船遭遇了一场十分可怕的风暴，生死关头，老船长表现出异常的果断和冷静。他毫不犹豫地命令水手们立刻打开货舱，往里面灌水。

复利思维

水手们对船长的命令感到困惑和不解。他们认为往船舱里灌水只会增加船的负重量,使船提早下沉,这是自寻死路的行为。然而,面对船长严厉的态度,他们还是照做了。

随着货舱里的水位越升越高,船一寸一寸地下沉,但与此同时,狂风巨浪对船的威胁却一点一点地减少。最终货轮渐渐平稳了下来,躲过了一劫。

船长望着松了一口气的水手们说道:"上万吨的巨轮很少有被打翻的,被打翻的常常是载重轻的小船。船在负重的时候是最安全的;空船时,则是最危险的。"

这番话让水手们深思。他们意识到,只有在负重压的时候,船才能够保持稳定和安全。而空船则往往禁不住风浪的冲击,变得脆弱不堪。

其实,我们每个人也正如一只只在生活海洋中航行的船,若没有压力,我们就很容易被生活的波浪打翻。

俗话说:"没有压力就没有动力。"压力就如一根弹簧,你只有把它压下去,它才会弹起来;就像皮球,你只有把它拍下去,它才会跳起来。人生也正如此,在压力面前,人们往往能更充分地发挥自己的潜力,在压力下不断超越自己,创造一个又一个奇迹。

美国作家海伦·凯勒的故事曾激励了无数的人。她一岁多的时候,一场突如其来的疾病改变了她的一生。这场疾病使她失去了视力,从此她的世界变得黑暗无光。更糟糕的是,她还失去了听力和语言能力。

这些严重的身体障碍,让海伦的性格开始发生变化。她变得非

第六章
认知复利——改变思维方式，不断提升认知水平

常暴躁，经常无缘无故地发脾气，甚至摔东西。这种状况让她的家人非常担忧，他们知道这样下去对海伦的成长非常不利。于是，他们为她请来一位家庭教师，希望能够帮助她走出困境。

这位家庭教师名叫苏丽文，是一位非常有耐心和爱心的人。在她的熏陶和教育下，海伦开始逐渐改变。她不再因为自己的残疾而自暴自弃，而是开始努力地去适应这个世界。

海伦利用她仅剩的触觉、味觉和嗅觉来认识周围的环境。她用手去触摸物体，用舌头去品尝食物，用鼻子去闻气味。通过这种方式，她逐渐了解了世界的形状和味道。她开始尝试与人交流，虽然不能说话，但她可以通过手势和表情来表达自己的想法和感情。

在这个过程中，海伦没有停止学习。她开始学习写作，希望能够通过文字来表达自己的思想和感受。最终她的努力得到了回报，几年后，她的第一本著作《我的一生》出版了。

当海伦将失明视为一种压力，而非挑战时，她陷入了深深的痛苦和惆怅之中。这种消极的心态使她无法真正地面对生活，无法积极地去适应和克服困难。然而，当她开始转变观念，将这种压力转化为前进的动力时，生活也开始向她敞开了大门。

现实生活中，相信大多数的人所面对的情况都不会有海伦·凯勒那么糟，她尚且能够凭借坚强的意志和积极乐观的精神，化压力为动力，取得令人瞩目的成就，对我们正常人来说，又为何不能如此去做呢？

化压力为动力的过程本身就是一种成长。每一次成功地将压力转化为动力，我们都会变得更加坚韧和成熟。这种经历的积累，就像复利一样，随着时间的推移，其价值会变得越来越大。压力越大，

动力也就越大,只有不断在压力中获得重生的人才能茁壮成长。常言道,"井无压力不出油,人无压力轻如灰"。有些时候,有压力未必是坏事。面对各种挑战和压力,人往往会感到一种紧迫感和危机感,进而会激发出内在的动力和潜能。这种动力可以帮助我们克服困难、实现目标,并在未来的挑战中产生更大的影响和回报。

没有压力就唤不醒斗志,没有压力就挖掘不出潜力,所以孟子说"生于忧患,死于安乐"。压力是一支强心剂,促使我们推着生命的车轮,不断地快节奏地向上滚动,伴着我们在人生之书上写下辉煌的篇章,在人生大舞台上尽情展现自己的风采。试想,一个懒散没有压力的人是如何的堕落与沉寂,只会为别人的成功而喝彩,而对自己却没有高要求,安于现状,任时光流逝、岁月蹉跎。

也许你正感受着来自生活、工作和学习的压力,也许你正在为此抱怨、不平,与其怨恨命运的不公,不如换一种眼光重新领悟压力的价值。只有把压力化作动力,压力才能真正发挥出其内在的巨大力量。

要实现从压力到动力的转化,关键在于我们对待压力的态度和方法。首先,我们需要接受压力的存在,正视它而不是逃避它。接受现实是解决问题的第一步。其次,我们要学会分析压力的来源,区分哪些是我们可以控制的,哪些是我们无法控制的。对于可以控制的部分,我们要制定计划和策略,逐步加以克服;而对于无法控制的部分,我们则需要学会放手,不让它们过度影响我们的情绪和行动。再次,我们还可以设定一定的目标挑战自我。当我们有了明确的目标时,压力就会变成达成目标的动力。最后,我们要重视休息和放松。长时间的高强度压力可能会导致身心疲惫,这时候适当的休息就显得尤为重要。通过运动、旅游、阅读等方式放松心情,可以帮助我们恢复精力，更好地面对未来的挑战。

总之，当压力被转化为动力时，复利效应便会随之显现。面对压力，我们不仅需要勇气与决心去迎接挑战，还需要靠智慧来调整心态。只有这样，我们才能在压力的淬炼中持续成长，并最终达成自己的人生目标。

复利思维

让不可能变成可能

人类社会中有一项不可否认的事实：只要是人类可以正当追求的，都有可能获得成功。英国大作家约翰生曾说过："在勤奋和技巧之下，没有不可能成功的事情。"的确，没有做不到的事情，只有想不想做的问题，或许当你做一件事情时会遭遇很多的困难，但只要你发自内心地想做，并为之努力，还是会越来越靠近成功的。比如，有些人可能认为自己无法通过考试，因为以往的成绩一直不好。然而，只要他们愿意付出努力，每天坚持学习，他们的成绩就会慢慢提高，最终可能会超过那些一开始就成绩优秀的人。这就是复利的力量，只要我们不放弃，就一定能够实现我们的目标，至少离成功越来越近。

人生没有达不到的高度，只有不愿攀登的心。如果你认为自己的愿望永远不可能实现，那它也永远只能是你的愿望；但是如果你相信愿望终会变成现实，那就没有什么不可能。不要在心里为自己设限，如果自己为自己设限，那将是无法逾越的障碍。很多事情看似不可能，但只要换一种方式去做，并挣脱固定观念的束缚，很多"不可能"就会变成"可能"。

第六章
认知复利——改变思维方式，不断提升认知水平

某大学篮球队的一位教练，连续三年带领校球队在全省大学篮球比赛中斩获第一名，有人向他取经，他走到黑板前写下两个大字："不能"，然后问全体球员："我们该怎么办？"

球员们异口同声地大喊："把'不'字擦掉。"

是的，这就是答案了，擦掉"不"字，"不能"就变成"能"了。事实上，只要从你的字典里把"不可能"这个词删除，从你的心中把这个观念铲除，从你谈话中将它剔除，从你的想法中将它排除，从你的态度中将它扫除，不要为它提供理由，不再为它寻找借口，把这个字和这个观念永远地抛弃，而用光辉灿烂的"可能"来替代，你就能够将"不可能"变为"可能"。

没有什么不可能！只要你不自我设限，就不会再有任何限制。突破自我限制，任何事情都不能阻止你。当你克服困难和挑战，实现原本看似不可能的目标时，你的信心和动力会不断增强，从而在未来的竞争中产生更大的影响和回报。林语堂先生讲过一句话：为什么世界上95%的人都不成功，而只有5%的人成功？因为在95%人的脑海里，只有三个字"不可能"。改造命运、不为群体意识所绊、不被"不可能"难倒，常常是"极少数人"的思想和行为。一件件曾被认为"不可能"的事在他们手中都变为了可能。

1485年6月，克里斯托弗·哥伦布提出了一个令人震惊的计划：从西班牙航海到东方去。他对西班牙国王说："陛下，我想从西班牙向西航行直至到达东方。我相信我能够到达东方。只要有足够的资金支持，我就能够实现这个计划。"

哥伦布的观点立刻引发了大量的争议。许多人对他的想法表示

复利思维

怀疑，他们纷纷质疑道："这怎么可能呢？"他们的观点是，如果从西班牙向西航行，不出500海里，就会被无边无际的大海吞噬。至于说能够到达富饶的东方，那简直就是一个无法实现的痴梦，是不可能的事。

尽管面临着种种困难和挑战，但哥伦布并没有动摇和退缩。他坚定地相信，只要不放弃，就一定能够实现目标。最终，经过无数次的努力和坚持，他的船只成功地到达了美洲大陆。

在积极者眼中，永远没有"不可能"，取而代之的是"不，可能"。积极者用他们的意志、他们的行动，证明了"不，可能"的"可能性"。正如哈瑞·法斯狄克所说："这世界现在进步得太快了，如果有人说某件事不可能做到，他的话通常很快就会被推翻，因为很可能另一个人已经做到了。在信心和勇气之下，只要我们认为可以做到，就可以以科学的方法推翻'不可能'的神话，我们可能做成任何我们想做的事情。"

生活中确实存在许多"不可能"的想法，它们无时无刻不在侵蚀着我们的意志和理想，其实，这些"不可能"大多是人们的一种想象，只要我们有决心、有毅力、有信念，就一定能够将这些看似不可能的事情变成可能，进而产生复利效应。

人的潜能是巨大的，一个人只有具备积极的自我意识，才会知道自己是个什么样的人，并知道能够成为什么样的人，从而积极地开发和利用自己身上的巨大潜能，将不可能的事变成可能，干出非凡的事业来。

第七章

人脉复利

——如何借助他人的力量获得成功

复利思维

与优秀的人为伍

日常生活中,有一句话被广泛传播并深入人心:你是谁并不重要,重要的是你和谁在一起。这句话的含义是,我们的身份、地位或者财富并不是决定我们人生走向的关键因素,真正起决定性作用的是我们选择与哪些人建立关系,与哪些人共度时光。古代"孟母三迁"的故事就是对上述观点的最好证明。故事的主人公孟母,为了给儿子孟轲创造一个良好的学习环境,连续搬家三次。她坚信,只有和优秀的人为伍,孟轲才能受到良好的教育,进而成为一个有德行的人。最终,孟轲成为儒家学派的重要人物,证明了孟母的选择是正确的。

现实生活中,你和谁交往,交什么样的朋友对你的成长和发展真的很重要。一个人的成长轨迹,很大程度上取决于他所处的环境和他所交往的人。如果我们选择和积极向上、有理想、有追求的人为伍,那么我们会受到他们的影响,也变得积极、有理想、有目标。反之,如果我们选择和消极、颓废、没有目标的人为伍,那么我们就会受他们影响,也变得消极、颓废。因此,我们应该慎重选择朋友,要选择与那些能够帮助我们成长,能够给我们带来正能量的人为伍。这样,我们的人生才会朝着正确的方向发展,我们的成功也就有了更大的可能。

欧阳修是北宋时期备受尊崇的文学家、史学家和政治家，他在文学创作方面有着卓越的成就，不仅在诗词创作上有着深厚的造诣，更是在散文创作上独树一帜，他的散文作品以其简洁明快的语言、流畅自然的结构、丰富生动的内容，以及强烈的感染力，赢得了广大读者的喜爱和赞誉。

欧阳修不仅是一位杰出的文学家，还是一位优秀的教育家。他为当时的文坛培养了一批才华横溢的人才，像苏洵、苏轼、苏辙、曾巩、王安石等著名文学家，都是他的学生。他们的文学成就，都离不开欧阳修的悉心教导和指导。

欧阳修在颍州府（现在的安徽省阜阳市）任职的时候，手下有一个名叫吕公著的年轻人。有一天，欧阳修的好友范仲淹路过颍州，特意前来拜访他。欧阳修热情地招待了好友，并邀请吕公著一同参与他们的交谈。在谈话过程中，范仲淹对吕公著说："近朱者赤，近墨者黑。你有幸能在欧阳修身边工作，这对你来说是非常幸运的。你应该多向他请教关于写作和诗歌的技巧。"吕公著听后连连点头。

在欧阳修的悉心教导和示范下，吕公著的写作能力得到了很大的提高，在文学创作方面取得了显著的成就，最后成为一位杰出的文学家。

由此可见，与优秀者为伍对于个人的事业成功有着多么重要的影响。与那些具有优秀品质和能力的人交往，我们可以获得持续的成长和发展。你想做什么样的人，就要和什么样的人在一起，你要想成为一个成功者，就要先设法和成功者在一起。

复利思维

与优秀的人为伍，就像是一种无形的投资。你投入的是时间和精力，得到的却是知识和技能的增长、人格的提升、视野的开阔。这种投资所带来的收益将呈指数级增长，形成一个强大的正向循环。此外，这种投资的回报是无法用金钱来衡量的，因为它关乎到一个人的人生质量和未来的发展。

物以类聚，人以群分。和什么样的人在一起，就会有什么样的人生。一个人身份的高低，一定程度上，是由他周围的朋友决定的。一位事业有成的人曾经说过："如果要求我说一些对青年有益的话，那么，我就要求他们时常与比自己优秀的人一起行动。就学问或就人生而言，这种行为都是最有益的。"

与优秀的人为伍，就如同投资中的复利效应，长期而深远地影响着一个人的成长和发展。

优秀的人不仅仅是指那些在某个领域取得卓越成就的人，更是指那些具备高尚品质和积极心态的人。他们拥有坚定的信念和追求卓越的精神，能够不断挑战自我、超越自我。与这样的人为伍，我们可以从他们身上学到很多东西。

优秀的人往往具备出色的能力和才华，他们的成功经验和思维方式能够对周围的人产生积极的影响。与他们相处，可以激发个人的潜力和动力，拓宽视野和思维方式，建立良好的人际关系和社交网络。这些积极的影响将逐渐累积并产生复利效应，为我们的个人成长和发展带来更多的机会和收益。因此，我们应该积极主动地与优秀的人为伍，不断提升自己，实现更大的成就。美国有句谚语："你能走多远，在于你与谁同行。"如果你想展翅高飞，那么请多与雄鹰为伍；如果你成天和小鸡混在一起，那你就不大可能高飞。和优秀的人为伍，我们可以不断受到他们的影响和激励，学习到更多的知识

第七章
人脉复利——如何借助他人的力量获得成功

和技能，进而不断提升自己的能力和素质。

　　正所谓"画眉麻雀不同嗓，金鸡乌鸦不同窝"。多与优秀的人在一起，你也容易走上成功之路，这被很多事例所证明。优秀的人往往具有卓越的思维模式、良好的工作习惯和积极的生活态度。他们对待生活和工作的热情、对待困难的坚韧以及对待成功的谦逊，都会在无形中影响你，激励你不断前进。当你周围的人都在追求卓越时，你也会被这种氛围所感染，自然而然地提升自己的标准和期望。所以，广泛结交事业有成的朋友，获取属于自己的人脉，成功的彼岸离我们就更近了！

　　总之，与优秀的人为伍是一种智慧的选择，能够带来复利般的成长效应。在这个过程中，不仅会获得知识和经验的增长，更会在精神层面上得到提升。因此，我们应该珍惜与优秀人士相处的机会，让自己成为更好的人。

复利思维

"人情"是一种无尽的财富

众所周知,在银行里开设一个账户,可以用于储蓄钱款。存储的金额越多,预示就越富足。同样地,人脉也需要建立一个账户,即将银行开在朋友或顾客的心中。为了维系你们之间的关系,你需要存入真诚、关怀、友善等情感,也就是所谓的"人情账户"。你在"人情账户"中存入得越多,你与朋友之间的感情就会越深厚。

在这个比喻中,银行账户代表着人际关系中的互动和交流。当你向朋友或顾客提供真诚的关怀和优质的服务时,就像是将一笔笔存款存入他们的感情账户中。这些存款可以是真心的问候、帮助解决的问题、提供有价值的建议等。通过不断地存入这些关怀和服务,你的感情账户就会逐渐积累起来。与此同时,当你需要朋友的帮助或支持时,你可以从他们的感情账户中提取一些资源。这些资源可能是他们的支持、信任、合作或者是他们在你需要时的陪伴。这种互惠互利的关系可以帮助你建立更加稳固和持久的人际关系。

日常生活中,我们常常会因为一些小事让别人欠下一份人情,比如帮助别人搬家、送给别人一些小礼物等。这些看似微不足道的事情,实际上都是在积攒人情,而且这些人情会像复利一样获得成长。当我们在关键时刻需要别人的帮助时,这些人情就会发挥出巨

第七章
人脉复利——如何借助他人的力量获得成功

大的力量。

一家电脑公司的老总十分擅长交际。他长期为一些国有大中型企业提供电脑组装及维护服务，经常通过给予对方一些小恩小惠来获取对方的好感，进而稳固长期的合作。

他总是想方设法对合作企业内部人员进行深入的了解，不仅关注他们的学历背景，还对他们的人际关系、工作能力和业绩等方面进行全面的调查。在深入了解后，他认为某个员工具有巨大的潜力，未来有可能成为公司的中坚力量。即便这位员工年纪轻、工作时间很短，他也愿意尽心尽力对待他，为他提供最大的支持和帮助。

这位老总之所以如此做，是因为他明白，要想在未来获得更多的利益，现在就需要做好充分的准备。同时他知道，人情债是一种非常强大的力量。在他看来，十个欠他人情债的人中，有九个最终都会给他带来意想不到的回报。因此，他希望通过这种方式，建立起一个强大的人脉网络，为自己的事业发展提供更多的支持和帮助。

每当他得知自己认识的某职员获得了晋升，他总是会第一时间前去为其庆祝，并且送上一份精心挑选的礼物。这样的行为，无疑让那位刚刚获得晋升的职员深受感动，会自发认为，自己能够得到晋升，离不开这个人的帮助和支持，从而在心中形成感恩图报的意识。这样就为两人后续的往来与合作奠定了情感基础。

情感是一种无形的特殊资产，如果我们能够巧妙地运用这种特殊资产，就可能获得超出预期的回报。你建立人情账户，并持续储蓄人情，就会赢得对方的信任，当你遇到困难或求人办事、需要对方帮助的时候，就可以得到这种信任换来的鼎力相助。人情主要来

复利思维

自你以前的积累，来自你以前为现在所做的"投资"。

人情生意做得越好，财富值就会越丰厚。人情的复利并不是一种简单的数学公式，它需要我们用心去经营和维护。我们需要理解他人的需求，尊重他人的感受，关心他人的生活。只有这样，我们才能够建立起深厚的人际关系，并享受到人情带来的复利。

有一位销售员经常去拜访一位老太太，打算以养老为由说服老太太购买债券。经过一段时间的接触，老太太逐渐对这位销售员产生了好感。她发现，这位销售员不仅专业知识丰富，而且为人真诚、热情。他们之间的聊天也变得越来越轻松愉快。老太太开始期待他的每一次来访，甚至主动邀请对方喝茶，与他分享一些生活中的琐事。然而不幸的是，老太太因病突然死了，这位销售员感觉之前的投资白费了。

一个月之后，那位老太太的女儿来到这位销售员所在的公司拜访他。她告诉销售员："在整理我母亲遗物的时候，发现了好几张您的名片。这些名片上不仅印有您的名字和联系方式，还有一些十分关怀的话。我仔细看了看，发现这些话都是您亲自写的，每一句都充满了关心和温暖。我母亲生前非常小心地保存着这些名片，就像珍视宝贝一样。"

她顿了顿，继续说道："而且，我以前也曾听母亲谈起过您。她总是满脸笑容地说，和您聊天是她生活中的一件快事。她说您总是能让她感到快乐，让她的生活充满了希望。因此，我今天特地前来，想向您表示我的感谢。感谢您曾经如此关心我的母亲，让她的生活变得更加美好。"

接着，老太太的女儿深深地向那位销售员鞠了一躬，用颤抖

140

第七章
人脉复利——如何借助他人的力量获得成功

的声音说:"为了表达我对您的感激之情,我决定购买贵公司的债券……"说完,她从包里拿出了 30 万元现金,递给销售员,并请求他帮忙办理签约手续。

这位销售员对突如其来的事情感到非常惊讶。他从未遇到过这样的情况,一时间,他竟然不知道该如何回应。

为什么会出现这样的情况呢?主要原因是老太太的女儿被销售员的真情所感动,才决心买该公司的债券。中国有很多关于以心换心、以情换情的民谚,比如"投之以桃,报之以李""你敬我一尺,我敬你一丈"等。很多时候,你在为自己的人情账户储蓄的同时,被帮助的人也会牢牢记住你给予他的帮助与恩情,因此,会把你当成一辈子都不敢忘记的人来报答。当你遇到困难需要帮助的时候,你甚至不需要开口,那些你曾经帮助过的人就会在关键的时刻站出来,帮助你渡过难关,走出困境。

人们常说:世上的钱债易还,人情债难还。的确,金钱的债务无论多少都有个数目,而感情的债务却无法用明确的数字来衡量。所以,无论是交朋友还是做生意,都要学会从情感投资着手,虽然短时间里不见得有多少回报,但长远来看,这种投资肯定比股票的投资收益要大。如果你能悟透其中的奥妙,不失时机地付出自己的感情投资,定会收到良好的效果。

复利思维

学会与他人合作

我们前面提到过"滚雪球效应",通过不断的积累,最终带来巨大的变化。然而,滚雪球效应通常并不是一个人能够完成的,它需要团队的合作,需要每个人的付出和努力。比如阿里巴巴,从一个小型的互联网公司,通过不断的创新和发展,最终成为全球最大的电商平台。这背后,离不开马云和他的团队的努力和合作。再比如华为,从一个小型的通信设备公司,通过不断的研发和创新,最终成为全球领先的通信技术服务供应商。这背后离不开任正非和他的团队的智慧和精诚合作。在"滚雪球"的过程中,我们需要学会与他人合作,学会分享和交流。只有这样,我们才能让"雪球"越滚越大。

我们中的任何人在这个世界上都不是孤立存在的,都要和周围的人发生各种各样的关系。无论你从事什么职业,也无论你在何时何地,始终离不开与别人的合作。拿破仑·希尔说:"那些不了解合作成效的人,就如同走进生命的大旋涡中,早晚会遭受不幸的毁灭。适者生存是不变的道理,我们可以在世界上找出许多证据。我们所说的'适者'就是有力量的人,而所谓的'力量'就是合作。为了获得显著的成就,我们应该努力合作,而不是单独行动,一个人只

第七章
人脉复利——如何借助他人的力量获得成功

有能够和其他人友好合作,才更容易获得成功。"合作是取得成功的重要前提,不能与他人良好合作,就不要奢望可以取得良好的成果。

在完成第四次太空飞行任务后,美国"发现号"航天飞机的机长艾琳·柯林斯和机组人员与一群美国小学生举行了见面会。一位学生提出了一个问题:"在你们的太空之旅中,你们认为最有价值的经验是什么?"

艾琳机长强调:"最具价值的经验无疑是人与人之间的协作。作为机长,我需要对航天任务担负众多职责,而要想圆满完成任务,则必须依赖于与机组人员的紧密合作。只有通过相互协作,发挥各自专长,充分发挥团队的力量,我们才能圆满完成任务。"

合作的力量是一种强大而神奇的力量,它能敦促人们为共同完成一项任务、实现共同的目标而积极贡献力量。这种合作可以带来一系列的积极影响和回报,类似于金融领域中的复利效应。在合作过程中,各方互相学习和借鉴经验与技能,进而不断提升各自的能力。这种知识的传递和共享,使整个合作团队的综合素质得到提升,进而推动合作的进一步发展。

合作的重要性不言而喻,它是社会进步的推动力,是个人成长的阶梯。在当今劳动分工日益细密的情况下,仅靠个人的能力成功的机会更少了。合作已经成了人的一种能力,是成功的基础。一个人最明智且能获得成功的捷径就是善于同别人合作。正如利皮特博士所说:"人的价值,除了具有独立完成工作的能力外,更重要的是具有和他人共同完成工作的能力。"

比尔·盖茨被誉为聪明绝顶的人,他的智慧和才华被全世界所公认。然而,他所取得的一切成就,并非仅仅依靠他一个人的力量。在他成功之路上,有许多人给予了他帮助和支持,其中最关键的一位就是微软前任总裁史蒂夫·鲍尔默。

比尔·盖茨是一个计算机技术天才,在技术领域中有着无人能敌的才华和智慧。然而,他的管理能力却很差,这给微软带来了混乱。这种情况在微软刚刚成立的时候尤为明显,公司陷入了一次又一次的危机之中。盖茨对此有着清醒的认识。他明白自己在管理方面存在不足,也知道自己需要在这方面做出改变。

史蒂夫·鲍尔默是比尔·盖茨的好朋友,他的知识面广泛,反应敏捷,判断准确,善于把握商机,是一个天生的管家。在高中时期,鲍尔默就担任了小篮球队的经理人。鲍尔默的领导能力和团队精神使得篮球队成员的状态一直都非常好。

1980年,比尔·盖茨以年薪5万美元的条件,向当时正在斯坦福大学商学院就读的鲍尔默发出了邀请,希望他能够加入微软,与他一起创造更大的商业奇迹。从此,这两位性格迥异的好友开始了他们的合作之旅。他们通力合作,共同书写了一个制造财富的神话。他们的合作不仅让微软成为全球最大的软件公司之一,也让他们自身成为世界上最富有的人。

在合作中,当各方都能够充分发挥自己的优势,并且相互支持和协作时,合作的效果将会呈现出指数级的增长。这种增长不仅体现在成果的数量上,更体现在质量上。

合作才有出路。俗话说:一个篱笆三个桩,一个好汉三个帮。也就是说,一个人的力量总是有限的,有了他人的帮助,个人才能有

第七章
人脉复利——如何借助他人的力量获得成功

更大的发展。哲学家威廉·詹姆士曾说过:"如果你能够使别人乐意和你合作,不论做任何事情,你都可以无往不胜。"可见,唯有善于与人合作,才能获得更大的力量,获得更大的成功。在合作中,双方可以共同努力,通过持续的积累与相互增益,共同达成既定目标,创造出更大的价值和收益。

复利思维

诚信是最好的投资

诚信是最好的投资，它能够带来长期的收益，有极大的溢价空间。在生活中，我们经常会遇到一些诱惑，比如偷懒、欺骗等。这些行为可能会带来短期的收益，但是它们会破坏我们的信誉，进而带来长期的损害。相反，如果我们能够坚持诚信，那么我们就能够获得长期的收益、获得巨大回报。当你投入诚信时，别人就会对你增加好感和信任，这些好感和信任就像货币一样存入你的钱包，你投入的诚信越多，信用货币的钱包就越鼓。

自古以来，诚信就是人类社会活动的一个重要评价指标。诚者信也；信者诚也。诚信是做人的基本准则和最起码的道德修养，为人以诚，待人以信，不但是人的内在品质和精神要求，也是社会基本准则。一个人要想在社会上立足，就必须具有诚信的品德。

西方有位哲人曾经说过：这个世界上只有两样东西能让人们内心受到深深的震撼，一个是我们头顶上灿烂的星空，一个就是我们心中崇高的道德准则——诚信。的确如此，在这个大千世界里，人与人之间的交往离不开诚信。一个人如果始终守信，他的言行就会成为他人判断其可靠性的标准。这种长期的积累，会在关键时刻转化为他人的支持和帮助，形成一种强大的社会资本。比如，当一个

第七章
人脉复利——如何借助他人的力量获得成功

人遭遇困难时,那些曾经因诚信而结下的善缘就会转化为实际的援助,帮助他渡过难关。

某投资公司的董事长陈总以诚信而闻名业内。在商业活动中,他始终坚持诚信为本,无论是与合作伙伴还是与客户交往,他都能做到言出必行,绝不食言。这种诚信的态度,为他在业界赢得了极高的声誉。一次,他和一合作单位的领导约定下午3:50见面,但在赴约时发生堵车,眼看时间一分一秒地过去,离约定的时间只差十几分钟了,怎么办?走!离目的地还有1000多米。走来不及,那就跑!陈总一路小跑,最终在约定时间的最后一分钟内赶到。这事让合作单位的领导感慨了好久,"陈准时"这个外号也就叫开了。

在商业活动中,陈总不仅严格遵守时间约定,而且还始终坚持言出必行的原则。一旦做出承诺,他就会尽全力去实现。他说的话甚至比正式签订的合同还要靠谱。一次,通过朋友的介绍,陈总结识了一位比他年长十几岁的商人。经过商讨,两人一拍即合,决定合伙做生意。当时,陈总向这位商人口头承诺,如果生意成功,他将给对方50万元的分红。但由于没有签订正式合同,两人之间的关系又仅仅基于朋友的介绍,对方并没有对陈总的承诺抱有太大的期望。两个月之后,陈总兑现了他的诺言,将分红送到了对方手中。这一举动让对方感到非常惊讶,因为他从未想过陈总会如此守信用。虽然当初他对陈总的承诺持怀疑态度,但现在看来,他不得不承认:"陈总这人能做朋友。"

诚信是一种人品修养,是做人的根本准则。当一个人或组织始终如一地展现出诚信时,就会逐渐积累起良好的声誉,这种声誉就

复利思维

像银行账户中的利息一样,其价值会随着时间的推移而不断增长。例如,一个始终遵守承诺的商人,会逐渐在同行中建立起良好的名声,这种名声会吸引更多的合作伙伴和客户,进而带来更多的商业机会和利润。同样,一个总是言行一致的人,会在社会中赢得尊重和信任,这种社会资本可以在求职、建立人脉或参与社交活动时发挥巨大作用。

总之,诚信会产生巨大无比的影响力,它逐渐累积起信任和声誉的资产,可以在未来孕育出更丰厚的回报与价值。法国作家臬泊桑曾写过这样一句话:一件小事可以成全一个人,也可以败坏一个人。诚信是一种态度,一种人生的理念。你具备这种态度、理念并付诸行动了,它可以让你可信可敬,无往不利;你不具备的话,它会让你寸步难行,甚至身败名裂。

春秋时期,商鞅在秦孝公的大力支持下,主持一场重大的改革。那时,秦国社会秩序混乱,人民生活困苦。为了树立朝廷的威信,推进社会改革,商鞅想出了一个巧妙的办法。他下令在城南门外立起一根三丈长的木头,然后,他在众人面前许下一个诺言:谁能把这根木头从城南门搬到北门,他就赏给这个人十两黄金。这个消息很快就在城里传开了,引来了众多的围观者。然而,围观的人都不相信如此轻而易举的事情能得到如此高的赏赐。

商鞅见没人尝试,便把赏金提高到五十两。俗话说,重赏之下必有勇夫,果不其然,有人抱着试一试的态度,扛起了木头,一路走到了北门。商鞅遵守诺言,立即赏了对方五十两黄金。商鞅的这一举动,在百姓心中留下了深刻的印象,为接下来的改革提供了强大的支持。

第七章
人脉复利——如何借助他人的力量获得成功

人无信不立，业无信不兴。成大事者要养成诚信的好习惯。只有做到了一诺千金，你的事业才有望发展壮大并蒸蒸日上。只要你诚实有信，自然会得到大家的认可，获得众人的尊重。反过来，如果你口是心非，说一套做一套，表面上可能占了一些便宜，但为了这点便宜毁了自己的声誉。失信于人，无异于丢了西瓜捡了芝麻，得不偿失。

诚信并不是一次性的行为，而是一种需要长期坚持和维护的品质。每一次遵守承诺，每一次公平交易，每一次真诚相待，都是对诚信资本的投资。这些投资可能在当下看不出效果，但它们会在未来某个时刻，以你意想不到的方式回馈给你。

"小信成则大信立"，无论是做人还是做事，诚信都必不可少。因此，我们应当成为坚守诚信的人，不断积累并放大诚信的价值，助力我们在事业发展的道路上取得令人瞩目的成就。

第八章

能力复利

——不断提升能力,获得更多机会和回报

复利思维

给自己找个对手

在非洲奥兰洽河域,一位动物学家正在考察工作。他发现了一个令人惊讶的现象:河东岸和河西岸的羚羊存在显著的差异。这些差异不仅仅体现在它们的外表上,更体现在它们的内在特性上。

首先,河东岸的羚羊繁殖能力比河西岸的羚羊繁殖能力更强。这意味着河东岸的羚羊能够更快地扩大种群数量,这对于动物种群的生存和发展来说是非常重要的。其次,河东岸的羚羊奔跑速度每分钟要比河西岸羚羊奔跑速度快上许多。这个速度的提升对于羚羊来说也是非常关键的,在野外,速度关系到生死存亡。速度快的羚羊能够更快地逃脱捕食者的追捕,从而增加生存的机会。

这位动物学家对此感到非常奇怪。他认为,既然河东岸和河西岸的环境条件和食物供应都相同,那么为什么这两边的羚羊会有如此大的差异呢?

为解开这个谜团,他进行了一项实验。他与当地的动物保护协会合作,在河两岸分别抓了10只羚羊,然后将它们送到对岸生活。他们希望通过这种方式,观察羚羊在新环境中的行为和生存状况。实验的结果出乎他们的意料。送到河西岸的羚羊繁殖到了14只,而送到河东岸的羚羊只剩下了3只。另外7只羚羊被狼吃掉了。

第八章
能力复利——不断提升能力，获得更多机会和回报

为什么会出现这种情况呢？原来河东岸的羚羊附近活跃着一个狼群。这个狼群的存在使得河东岸的羚羊每天都处于精神紧绷的状态中。为了能够生存下去，河东岸的羚羊们不得不时刻保持警惕，努力奔跑和跳跃，以逃避狼群的追捕。这种持续的竞争压力客观上使它们的肌肉力量和耐力不断得到增强，由此逐渐变得强壮有力。相反，河西岸的羚羊却因缺少天敌的威胁，身体素质没有得到显著提高。

上述现象对我们不无启迪，动物如果没有对手，就会变得死气沉沉。人也一样，对手的存在，会让我们紧张，会让我们在竞争中壮大自己。因此，一位哲人说：我们的成功，也是我们的竞争对手造就的。

给自己找个对手是一个持续的成长过程。有了对手之后，你会更有动力去挑战自己，去超越现有的成就。对手的存在就像是一面镜子，让你清晰地看到自己的位置和需要改进的地方。在与对手的较量中，你会不断地进步和成长。而这些小小的进步会累积起来，形成巨大的优势，让你在人生的道路上不断前进，达到新的高度，呈现出类似复利的效应。

社会心理学研究表明，人的潜力是需要被激发和挖掘的。当一个人始终处于绝对的优势地位时，就会逐渐产生自满的情绪和懈怠的心理，不再愿意付出努力去争取更好的结果。这种自满和懈怠的心态，会让这个人失去上进心和拼搏的精神，成为前进道路上的一大阻碍。

然而，如果给自己找个对手，不仅能激发出自身的潜力，还有助于建立起一种长期的成长和发展机制。这个对手可能是你的同事，

复利思维

也可能是你的朋友，甚至可能是你自己。他们会不断地挑战你，逼迫你去提升自己、去超越自己。在这种情况下，你就会像一匹骏马一样，奋力奔跑，永不停止。你会因为有了对手的压力，而更加努力地去学习新的知识、去掌握新的技能。你会因为有了对手的挑战，而更加坚定地去追求自己的目标、去实现自己的梦想。你会因为有了对手的竞争，而更加积极地去面对生活，迎接未来的挑战。

雅典奥运会上，男子跳水三米板项目的冠军得主彭勃，在比赛结束后接受了记者的采访。在采访中，他对一位特殊的人表示了感谢。他说："我要感谢我的对手萨乌丁。因为他今天的表现十分出色。尽管萨乌丁已经人到中年，但依然展现出了非凡的拼搏精神。这种精神激励着我更加努力地去面对比赛，不断超越自我。"

在通往成功的道路上，我们需要的不仅仅是那些愿意在关键时刻伸出援手的朋友，更需要那些能够与我们势均力敌的对手。这些对手既是我们的挑战者，也是我们的同行者。他们的存在，让我们有了压力，但同时也给了我们前进的动力。

当我们为自己设定一个竞争对手或者挑战者时，我们不仅仅是为自己制定一个目标，更是在激发一种持续的自我提升动力。这种动力源自竞争的本质，它迫使我们不断地超越自己，去追求更高的标准和成就。在这个过程中，我们会不断学习新技能，提升现有能力，并且更加专注于我们的目标。这些小小的进步和胜利，会像复利一样累积起来，最终导致显著的个人成长和成功。

对手的存在，就像是一把无形的剑，时刻悬挂在我们的头顶，给我们带来压力。这种压力，虽然让我们感到苦恼，但也正是因为这种压力，我们才会有动力去挑战自我、去超越自我。没有对手，我们可能会满足于现状，失去前进的动力。因此，对手的存在，对

第八章
能力复利——不断提升能力,获得更多机会和回报

我们来说,是一种推动我们前进的力量。

有记者问马云:"没对手的状态,你觉得对你来说是一种危机呢,还是一种欣喜?"马云回答说:"是特大的危机。没有对手就像没有磨刀石一样。有了好的对手,你所有的精力、能力都会被调动起来。你没看见我这一年,2004年是我特别开心的一年,因为我的淘宝网遇到了很好的对手,越打越开心。没有对手是很寂寞的。"

在和对手对抗的过程中,我们可以提升自己的能力,可以升华自己的精神,可以在竞争中发现自己的优点和不足,可以在较量中提升自己的实力。这种力量,是我们在追求成功的道路上,无法缺少的。

古罗马有句名言:"一匹马如果没有另一匹马在后面紧紧追赶并要超过它,就永远不会疾驰飞奔。"生物界因为有对手的存在而生机勃勃。人也是一样,只有在有竞争对手的情况下,才能更加充实自己、锻炼自己。因此,我们应该给自己找个对手,把他们看作我们成长的动力和磨刀石。只有这样,我们才能在人生的道路上不断前进,最终实现自己的梦想和目标。

总之,给自己找个对手,就是在为自己的成长和发展投资,这种投资会以复利的形式回报给你,不仅能够提升你的能力和价值,还能够让你在人生的各个阶段都保持积极向上的态度和不断前进的动力。

复利思维

找到内在成长的动力

热情是一种强大的内在动力,它能够激发个人的潜能,推动人们不断前进。当一个人对某件事充满热情时,会投入更多的时间和精力去追求完美,这种持续的努力可以带来显著的成果。而当这些成果逐渐积累起来时,就会产生巨大的复利。例如,一个对艺术充满热情的画家,会花费无数个日夜练习和完善自己的技艺。他的画作质量由此会不断提升,他的名字也会逐渐为人所知。最终,他的作品可能会在艺术界引起极大的关注,甚至成为收藏家们争相购买的对象。在这个过程中,创作的热情不断推动画家前进,而他的努力和成就又为他带来了更大的机遇和影响力,形成了一种正向循环的复利效应。

热情是一种能把全身的每一个细胞都调动起来的力量,是不断鞭策和激励我们向前奋进的动力。一个人如果没有热情,不论他有多大能力,都很难发挥出来,也不可能会成功。成功是与热情紧紧联系在一起的,要想成功,就要让自己永远沐浴在热情的光影里。

玫琳·凯,这个名字在美国商界无人不知、无人不晓。她是一位非常成功的女企业家,是美国最成功的商界女强人,她创办的化妆品公司——玫琳·凯公司,从最初的小店面起步,后来将业务拓展到全球三十多个国家和地区,拥有高达几十万个销售团队。

第八章

能力复利——不断提升能力，获得更多机会和回报

有人向她请教成功的秘诀，玫琳·凯是这样说的："你们觉得我之所以能够取得如此出色的成绩，是因为我拥有与生俱来的销售天赋。但实际上，在与我共事的销售人员中，有很多人的才能远超于我，他们的销售技巧和知识储备都十分丰富。然而，尽管他们的能力比我更强，但我的销售额却总是比他们要高。其中的原因，就是我对待销售的热情超过了他们。"

人们常说，热情的力量高于能力，这句话一点也不夸张。就像火种比燃油更重要一样，一桶再纯净的燃油，无论它的质量有多好，如果没有一根小小的火柴将它点燃，它也不会发出任何光芒，也不会散发出一丝热量。而热情就像火种一样，它能点燃人内在的潜能。每个人内心都拥有热情，不同的是，有的人的热情只持续几分钟，有的人只能保持几天或几十天，但是一个真正的成功者，却能让热情持久地存在几十年，甚至一辈子。

热情是发自内心的激情，是一种意识状态，是一种重要的力量，具有巨大的威力，能使人全身心地投入事业当中，唯有保持高度的热情，才会拥有永不衰竭的动力。

比尔·伯德是一位享有盛誉的美国企业家，不仅拥有一家专门生产巧克力的工厂，同时还经营着糖果店、冰淇淋店以及烹饪学校。探究他的创业史，发现他的成功并非偶然，而是源于他对自己所从事的事业无比饱满的热情。

比尔·伯德并非天生就有热情特质。他当年买下那家巧克力生产企业的时候，只是觉得巧克力是一个有利可图的行业。后来，他逐渐爱上了这个行业。由于工作需要，他尝试了解各种不同的巧克力，包括它们的制作工艺、口感特点以及生产历史等。在这个过程中，

复利思维

他对巧克力的兴趣越来越浓厚。为了更深入地了解这个领域，他开始积极寻找各种关于巧克力的书籍和文章，同时，还积极参加关于巧克力的研讨会，与其他专业人士交流心得。

在他眼中，巧克力不仅仅是一种满足口腹之欲的食物，更是一件充满艺术气息的艺术品。他的话语中总是充满了对巧克力的热爱和赞美，仿佛他的生活就是围绕着巧克力展开的。他会不断地将所学到的所有关于巧克力的知识，无论是它的历史、制作过程，还是各种口味的特点，都毫无保留地分享给他周围的每一个人。

比尔·伯德对巧克力的这种热情，感染了公司每一个员工，让公司的每一个成员干劲十足。比尔·伯德经常告诫员工："我们有责任和能力让美味的巧克力带给他人快乐！这是多么美好的事情啊！"他的话语中充满了对工作的热爱和对生活的热情，他希望员工能够理解并接受他的这种观念。

热情是获得成功的必要条件，是成功者的一种天赋神力。无论你从事哪个行业，身处在哪个部门，只要你对工作怀有持久的热情并持续投入，你的努力和付出就会逐渐积累，最终将为你带来丰厚的成果，使你在职场中脱颖而出。因为热情能激发潜能，有热情就能全身心地投入，有热情就能干劲十足，热情让人更自信，热情让人更勤奋，热情让人激情勃发……有时候成功与其说取决于人的才能，不如说取决于人的热情。

总之，热情是一种内在的动力和积极的情感状态，是一种无形的资产。当一个人将他的热情投入某项活动或目标中时，这种热情不仅能够为他们带来即时的满足感和成就感，而且还能够在长期内积累起更大的价值。因此，我们应该珍惜并发掘自己内心的热情，让它成为我们前进的动力和源泉。

第八章
能力复利——不断提升能力，获得更多机会和回报

善于反省的人更容易成功

自省，即自我反省，是个人在追求成长和发展过程中不可或缺的重要环节。它不仅是个人认识自己、内察自己的最佳途径，更是有效提高自己的关键手段。通过自省，我们可以对自己的行为和思想进行深刻的检查和思考，进而修正人生道路上的偏差，使自己的人生更加充实和有意义。

反省，这个看似简单的行为，实际上是一种深具价值的内在修炼，不仅能够帮助我们从错误中吸取教训，更能够像复利一样，让我们的心智和能力得到提高。当我们反思时，实质上是在从事一种精神上的投资。这种投资能产生无法以金钱衡量的复利效应。通过定期自我反省并从经验中汲取教训，我们可以促进知识和智慧的累积增长。每一次深入的反思都相当于对个人成长账户的一次投资，而这些投资最终会结出丰硕的果实。

一般来说，那些能够时刻反思自己的人，往往对自己有着深入的了解。他们不仅能够清楚地认识到自己的优点和长处，还能够坦诚地面对自己的不足和缺点。这样的人通常会不断地思考：我究竟具备多少能力和潜力？我能在哪些方面发挥出自己的优势？我又在哪些方面存在明显的不足？我是否在某些事情上犯了错误？通过这样

复利思维

的自我反省，他们能够更加清晰地认识到自己的优、缺点，进而为今后的工作和生活奠定坚实的基础。

美国通用公司前首席执行官杰克·韦尔奇，尽管在任期内工作繁忙，但他仍然坚持每周六晚上抽出一整晚的时间来进行自我反省。这是他每周的必修课。他会选择一个安静的地方，通常是他的书房，然后独自一人，检查反思自己。

杰克·韦尔奇会深入思考他在工作上是否有未完成或未做好的事情。他会回顾过去一周的工作，仔细分析自己的决策和行为，看看是否有可以改进或需要进一步完善的地方。他会问自己，在哪些方面做得不够好，哪些地方需要继续努力。此外，杰克·韦尔奇还会反思自己是否过于主观地做出决定。他会问自己，他的决策是否基于充分的信息和理性的分析，还是仅仅基于他个人的直觉。如果发现自己的决策过于主观，他会尝试找出原因，并寻找更好的方法来做出更全面、更客观的决策。

对于每周必须完成的反省课程，他的观点是：如果每年只进行一次反省，那么在一年的时间里，就只有一次机会去发现并改正错误。然而，如果我们将反省的频率提高到每月一次，那么在一年的时间里，我们就有十二次机会去发现并改正错误。更进一步，如果我们将反省的频率提高到每天一次，那么在一年的时间里，我们就有三百多次机会去发现并改正错误。因此，随着每天衡量次数的增加，我们改正错误的机会也会相应地增加。

由于杰克·韦尔奇工作非常繁忙，他只能选择每周进行一次反省。然而，正是因为这种定期的、频繁的检查和反馈，杰克·韦尔奇才能够带领面临重重危机的通用公司，一步一步走向辉煌。

第八章
能力复利——不断提升能力，获得更多机会和回报

杰克·韦尔奇之所以取得巨大成就，很大程度上归功于他不懈的自我反省。如果我们也能够及时地进行反省，并从错误中吸取教训，那么我们犯下的那些错误将转化为我们人生中的宝贵财富，为我们带来意想不到的复利。人非圣贤，孰能无过。成功者之所以能够成功，重要原因是他们有着超越普通人的反省精神。他们能够通过深刻的反省，发现德之缺憾，智之不足，进而总结教训，惩前毖后，改弦易辙，迈上通往成功的大道。

反省是一种强大的内在力量，它可以帮助我们不断地进步和成长。每一次的反省都是对自我认知的一次深化，是对个人行为的一次优化。这些连续的反省活动会逐渐打下坚实的知识基础，使我们的决策更加明智和有效。一个善于自我反省的人，常能在自省中发现自己的优、缺点，并能够扬长避短，发挥自己的最大潜能；而一个不善于自我反省的人，则会一次又一次地犯同样的错误，不能很好地发挥自己的能力，所以经常自我反省很重要。

富兰克林，以其卓越的智慧和独特的人格魅力赢得了人们的广泛尊敬。他有一个非常特别的习惯，那就是在每天结束工作的时候，都会花时间回顾一天的活动，反思自己的行为和决策。

通过这种自我反思的方式，富兰克林发现了自己身上存在的坏习惯。这些坏习惯包括浪费时间、为小事烦恼以及常与他人发生争论和冲突。他意识到，如果自己不能改正这些坏习惯，那么他的生活质量和成就将会受到严重影响。因此，他选择每周专注于改正一个坏习惯。他记录下每天的得失，以此来评估自己的进步。在下一周，他会挑选出另一个需要改正的坏习惯，然后全力以赴地进行改正。

复利思维

这种每周改正一个坏习惯的做法，富兰克林坚持了两年多的时间。他的这种自我改进的精神和坚持不懈的努力，使他最终成为一位伟大的人物，对美国的独立和建设做出了巨大的贡献。

自我反省是认识自我、发展自我、完善自我和实现自我价值的最佳方法。通过深入地反思自己的行为和决策，我们能够积累宝贵的经验与智慧。这些经验和智慧犹如复利，在我们的人生历程中不断增值，助力我们最终实现自我超越。

荀子在《劝学》中写道："君子博学而日参省乎己，则知明而行无过矣。"说的是道德高尚的人一方面要博学，一方面要反省自身，才能防患于未然，减少过失。"见贤思齐焉，见不贤而内自省也。"我们应不断自省，找出新方向、新办法，为自己加分。

自省贵在自觉，严于律己，经常反思自己的思想和行为，无情地自我解剖，严格地自我批评，及时更正自己的过错。因此，我们不妨在每天结束时，好好问一下自己下面这几个问题：今天我学到些什么？我有什么样的改进？我是否对所做的一切感到满意？

真诚地面对这些提出的问题就是反省，其目的就是让我们不断地突破自我的局限，省察自己，开创成功的人生。每天花点时间对自己进行反思和总结，哪怕只有5分钟的时间，一年后你也会有巨大的改变。每天进步一点点，短时间可能看不出效果，但是五年后、十年后，你会发现成果惊人。

第八章
能力复利——不断提升能力，获得更多机会和回报

做自己喜欢且擅长的事情

每个人都渴望成功，但是成功的秘诀究竟是什么呢？答案其实非常简单：那就是去做自己喜欢并且擅长的事。人的精力是有限的，如果我们把精力投入自己最擅长的事情上，不仅能够提高我们的效率，而且还能保证持续投入，这样成功的可能性就会大大增加。相反，如果我们把大量的时间和精力浪费在一些自己不喜欢或者不擅长的事情上，那么结果往往是得不偿失、不尽如人意。

剑桥大学曾对1500人进行了一项长达20年的深度调查。调查的主题是"积累财富的方法"，旨在探索人们如何通过不同的方式和策略来积累财富。在这次调查中，研究人员发现，在这1500人中，有1200多人在选择职业时，将金钱作为首要考虑的因素。他们认为，只有选择高薪的职业，才能更快地积累财富。而剩下的200多人，则选择了以自己的兴趣为首要考虑因素，他们更看重的是从事自己喜欢的工作，而不是工作的薪酬。

20年后，研究人员再次对这些人进行了调查。结果发现，在这1500人中，有近百人成了亿万富翁。其中在那1200多名以金钱为首要考虑因素的人中，只有1人成了亿万富翁。相比之下，那些选择从事自己喜欢的工作的人，他们的成功率要高出许多。这个数据表

复利思维

明，选择自己喜欢的工作，不仅能够让人在工作中找到乐趣，也更有可能帮助他们积累财富。

当你在做自己喜欢的事情时，你会发现自己正处于一种独特的增益状态中，你会感到快乐和满足，为此你会投入大量的时间和精力，因为你真心热爱它。在这个过程中，你会不断提升自己的技能，因为你想要在这个领域中做得更好。在这样的情境下，你的每一天都充满了激情，你的每一次尝试几乎都建立在之前成功的基础上，它会不断地推动你向前发展。你的经验在积累，你的专业知识在深化，你的能力在增强。这一切的积累，最终会带来远超你想象的收获。

当年，李开复考上哥伦比亚大学法律专业，学习半年后，他渐渐发现自己根本不喜欢法律，于是他开始考虑，是否应该放弃法律专业，寻找自己真正感兴趣的领域。

一次偶然的机会，他接触到了计算机。很快，他便疯狂地迷上了计算机。为了更深入地学习计算机，他在图书馆借了大量与编程相关的书籍，每天都会花费大量的时间在编程上。

大二那年，经过长时间的思考和探索，李开复终于做出了一个重大的决定：放弃法律专业，转入计算机系学习编程。许多朋友都劝他三思而行，不要轻率地放弃前途光明的法律专业。然而，李开复没有被他们的言辞所动摇，反而更加坚定了他的决心。他知道，他的人生只有一次，他不能让自己的生命浪费在自己不喜欢的事情上。他想要用自己的一生时间去学习和研究他真正感兴趣的领域，去追求他的梦想，去实现他的价值。

后来，李开复进入卡内基梅隆大学深造。在卡内基梅隆大学，他获得了计算机专业博士学位。他开发的"语音识别系统"获得了

第八章
能力复利——不断提升能力，获得更多机会和回报

《美国商业周刊》发明奖。1998年，他加盟微软公司，并创立了微软亚洲研究院。2000年，他被提升为微软全球副总裁，成为微软高层中职位最高的华人。2006年，他又加盟Google（谷歌）公司，被任命为全球副总裁和中国区总裁。

在一次采访中，李开复说："我深信，我之所以能够取得今天的成就，最关键的因素就是我在上大学时做出的那个重大决定。在那个关键的时刻，我并不清楚计算机技术会发展到如今这样先进的程度。我只是对计算机有着深深的热爱，当我选择投身于计算机学习的时候，我的人生就找到了一个明确的目标和方向。"

从事自己喜欢的事情是实现事业成功的关键。从心理学角度看，当一个人选择并从事他所喜爱的职业时，他的内心会充满愉悦和满足感，这将使他在工作过程中保持积极的态度和高昂的斗志，进而可能在所喜欢的领域里发挥出最大的才能，创造最佳的成绩。

当你做自己喜欢的事情时，你会更加投入和专注，这自然而然地提高了你的工作效率和创造力。你的热爱和专长使你能够更快地掌握新知识，解决复杂问题，在你的领域中不断创新。这种专业能力的积累，就像是在你的职业生涯中不断地复投，每一次的成功都会为下一次的努力带来更高的价值。

易趣网的创始人邵亦波曾说："一个人要成功的话，一定要找到自己最想做的事，这样他就能够每天都很有精神地去工作，也更容易成功……"内心深处的喜好和兴趣，无疑是推动我们追求事业发展的最大驱动力。

这种内在的驱动力能够帮助我们克服各种困难，坚持到底，不轻言放弃。当一个人能够根据自己的兴趣爱好来选择事业目标时，

他的主动性和积极性将会得到充分的发挥。在这样的状态下，即使是面对十分辛劳的工作，他也会保持兴致勃勃的状态，心情愉快地投入工作中。即使遇到重重困难，他也绝不会灰心丧气，而是会积极寻找解决问题的方法，百折不挠地去克服这些困难。

如果真心喜欢所从事的工作，那么即使工作的时间很长，也不会觉得是一种负担，反而觉得是一种乐趣，就像是在玩游戏一样。因此，只有做自己喜欢做的事情、最擅长的事情，才能最大限度地实现自身的价值，取得更好的成就。

比尔·盖茨说："做自己喜欢和善于做的事，上帝也会助你走向成功。"如果你想要获得成功，一定要倾听自己内心深处的声音，问问自己，是否真的热爱这项事业？是否愿意为此付出努力，甚至是牺牲？如果对这些问题的答案都是肯定的，那就赶紧开始努力吧！

第九章

职场复利

——提高站位,实现职场跃迁

复利思维

像老板一样思考

职场中，大多数人往往将自己定位为一名员工，也就是把自己视为打工人，为老板效力。因此，这些人所关心的问题往往与自己的切身利益密切相关，例如：每天工作多少小时，每周工作几天，每月能拿到多少薪水等。这些问题都是我们在职场中不可避免要面对的现实问题。然而，作为老板，他们的思维方式和关注点却与普通员工有很大的不同。老板更关心的是企业的未来发展、企业的市场竞争力、风险控制等方面的问题。他们需要时刻关注市场动态，分析行业趋势，以确保企业在激烈的市场竞争中立于不败之地。

这些看似正常的现象，实际上反映了人们在职场中的不同角色和思维方式。当我们回顾自己的职场生涯时，可能会发现自己曾经走过很多弯路，犯过很多错误。为什么会这样呢？原因可能有很多，其中一个很重要的原因就是我们陷入了自己的固定思维模式，没有跳出自己的角色去思考问题。

要想在职场上取得成功，我们需要不断开阔自己的视野，跳出自己固有的思维模式，学会站在老板的角度去看待问题。只有这样，我们才能在职场中快速地成长和进步，最终实现自己的人生价值。例如，一个具有老板思维的员工会主动寻找提高工作效率的方法，

第九章
职场复利——提高站位，实现职场跃迁

不断学习新技能以适应不断变化的市场需求，或者积极参与公司和团队建设，积极与同事合作。这些行为虽然在短期内可能不会立即带来显著的回报，但长期来看，它们会像复利一样积累起来，为个人职业生涯带来巨大的正面影响。

刘洋是一家纺织产品出口贸易公司的销售代表，他一度为自己的业绩感到自豪。有一次，他向老板汇报自己是如何劝说一位固执的客户向公司订货的。老板只是点点头，反应很冷淡。这让刘洋感到非常困惑和失望，他不明白为什么他的努力没有得到老板的认可和赞赏。

最后，刘洋鼓起勇气，问老板："难道您不满意我的业绩？"

老板回答道："你将你的精力和注意力集中在一个规模相对较小、发展有限的制造商身上，这无疑会分散我们的资源和精力。这个制造商消耗了我们大量的时间和精力，这对我们来说是不利的。因此，我希望你能重新调整你的工作重心，将你的注意力转到那些大客户身上。大客户能够为我们带来更多的业务，也能够促进我们更好地利用和分配我们的资源。"

此后，刘洋学会站在老板的角度去看待和处理问题。他把手中较小的客户交给一位经纪人负责，自己收取少量佣金，而把主要精力投放到寻找大客户的目标上，结果获得了令人惊讶的销售业绩，为公司创造了更高的利润。

当你以老板的思维和心态要求自己、像老板那样去思考问题时，你就会激励自己追逐老板的目标，站在企业发展的角度，考虑企业的成长，你会感觉到企业的事情就是自己的事情，就知道什么是自

复利思维

己应该做的、什么是自己不应该做的。这样一来，才能更好地解决在工作中遇到的问题。

当你开始用老板的眼光来观察和分析问题时，你所做出的每一个决策和采取的每一项行动都不再是孤立的事件。相反，它们像是精心布局的棋子，能够引发一系列连锁效应，这些效应相互叠加，最终汇聚成推动你不断成长和取得成功的强劲动力。

英特尔前总裁安迪·葛洛夫曾经在一次演讲中说："无论你在哪里工作，都别把自己只当作员工，应该把公司看作自己开的一样。"所以，无论今天的你，处在什么位置、什么环境，都应该尽量以老板的心态去做事、去思考问题。

大学毕业之后，许丽来到一家公司做助理。上班的第一天，前任助理与她交接工作，并好意劝她："在这里工作简直就是在浪费你宝贵的时间！"她的话语中充满了对这份工作的不满和失望。

助理的主要工作就是处理公司的公文收发、会议记录以及董事长的行程安排等琐碎事务。然而，许丽并没有因前任助理的话而对这份工作产生任何负面情绪。相反，她选择以积极的态度去面对这份工作。她认为，每天接触公司的决策文件，可以看出董事长批公文的思路；对企业未来的规划和设想，可以深入了解董事长的思考方式，更好地理解企业的发展方向。

此外，许丽还经常参加公司的各种会议。会议记录让她了解了企业是如何运营的、决策是如何做出的。她可以看到各个部门的工作汇报，了解企业的各项业务运营情况；各部门之间的协作与沟通，企业内部的运作机制……这让她对企业有了更深入的理解，也让她对自己的工作有了更高的要求。她说："再没意思的工作，如果用老

第九章
职场复利——提高站位，实现职场跃迁

板的眼光来看待，也能看出价值所在。"

当年那个前任助理，现在的际遇如何，我们无从得知，但许丽已经成为一家公司的老总。一个没有任何资源的小姑娘，就是因为站在老板的角度看世界，奠定了日后成功的基础。

当你像老板一样在某一特定领域投入了大量的思考和实践，你的能力就会自然而然地得到提升。因为在进行各种活动的过程中，你会不断地进行反思和总结，不断地对自己的行为和方法进行改进和完善。这样，你就会变得越来越优秀，越来越出色。

站在老板的立场和角度去思考问题、解决问题。意味着，需要把公司的问题看作自己的问题，需要用心去思考、用心去解决，需要把自己融入公司的大环境中，把公司的利益看作自己的利益，把公司的发展看作自己的发展。

像老板一样思考，实际上是一种能够带来长期收益的思维模式。当你以老板的视角来审视问题和机遇时，你所做的决策和采取的行动将会产生巨大的回报，为你带来持续的成长和成功。当你开始用老板的思维去对待你的工作时，你会发现你的态度和行为都会发生显著的改变，你的业绩会提高，你的价值会得到体现，企业会因为你的努力而变得不一样，你也可以通过你的带动作用改变身边的人。

复利思维

不要仅为薪水而工作

在许多人的观念中,我为公司工作,那么公司就有义务给予我相应的报酬。这种观念基于等价交换的原则,即我付出多少,就应该得到多少回报。这些人认为,如果没有得到应有的报酬,那么就无法体现出自己的价值和努力。因此,这些人的注意力往往只集中在薪水上,他们关注的是每月的工资单,关注的是年终奖的数额,关注的是各种福利待遇。他们用薪水和待遇衡量自己的工作价值。

然而,他们却忽视了薪水以外的东西,包括职业发展的机会,与同事的友谊和合作,个人心智的成熟,等等,这些既是工作的一部分,也是我们成长的一部分。因此,工作绝不仅仅是为了获得薪水,职场中人应该弄清这个道理。

实际上,工作不仅仅是为了薪水,更是为了实现自我价值。工作是展示自我、提升自我、实现自我价值的一个重要途径。通过工作,我们可以提升自己的技能,增强自己的能力,实现自己的价值。如果我们超越仅为薪水而工作的短视,将注意力转向技能提升、经验积累和人脉构建,那么这些无形资产就会给我们带来长期的复利效应,并产生巨大的价值。当我们不再将薪水作为唯一的工作动力时,我们就有更多的精力去关注自己的兴趣和职业发展路径。这种自我

第九章
职场复利——提高站位，实现职场跃迁

驱动的学习态度，能够帮助我们在专业领域内不断深化认知、提升技能，进而在职业生涯中取得更大的成就。

一个炎热夏日的午后，一群工人在铁路的路基上汗流浃背地忙碌着。突然，一阵低沉的轰鸣声从远处传来，一辆火车缓缓驶近，所有正在工作的工人不得不放下手中的工具，注视着火车的到来。

火车慢慢停了下来，最后一节车厢的窗户忽然打开了。一个友善的声音从里面传出来："杰克，是你吗？"这个声音让这群工人的队长杰克感到熟悉和亲切。

他听到声音后立刻回答："是的，迈克，能看到你真高兴。"他的声音充满了惊喜。

迈克是铁路公司的董事长，和杰克有着多年的友谊。寒暄几句后，迈克邀请杰克上车厢里坐坐。杰克欣然接受了邀请。坐下后，两人开始了闲聊。他们谈论着工作和生活中的点点滴滴，分享彼此的喜怒哀乐。最后，他们握手话别。杰克离开了车厢，回到路基上继续工作，而迈克则乘坐火车继续前行。

火车开走后，这群工人立刻聚集在一起，他们的脸上写满了惊讶和不解，他们不敢相信杰克竟然是铁路公司董事长的朋友。杰克解释说，20年前他与迈克在同一天开始为铁路公司工作。

有一个工友半开玩笑地问杰克："为什么迈克现在成了董事长，而你却还要在大太阳下工作。"杰克说了一句意味深长的话："20年前，我选择了一份工作，那时我为每小时1.75美元的工资而努力工作。而迈克选择的是一份事业，他为铁路事业的发展而奋斗。"这句话让工友们陷入了沉思，他们开始思考自己的工作态度和目标。

复利思维

杰克的话道出了造成两个人境遇相差巨大的原因：为薪水而工作与为事业而工作，其效果是截然不同的。一个人如果只为薪水而工作，工作起来缺少激情和动力，取得的成绩也必然是极为有限的。

在现代社会中，为了薪水而工作的现象在年轻人群体中非常普遍。这些年轻人从学校毕业步入社会时，往往对自己抱有极高的期望，认为自己应该在工作中得到重视和重用，同时也应该获得丰厚的报酬。他们在工资上喜欢攀比，似乎工资成了他们衡量一切的标准。然而，我们必须认识到，工作固然是为了生计，是生活所需。但是，工作绝不仅仅是为了薪水。

初入社会的时候，不要过于看重老板给的薪水，而要多想想自己还可能从中获得各种好处，如技巧的提高、经验的积累及人生的充实，等等。

工作不仅是谋生的手段，更是自我成长的舞台。工作中，你有机会学习并培养自己多方面的能力，比如行政能力、决策能力、社交能力，等等，这些能力的积累，其价值远远超出了所得到的薪资。持续学习和进步的过程，可以视作对个人未来的投资。虽然其收益可能不会立刻显现，但从长远来看，它将为我们带来更多、更大的回报。

一次，一个年轻的美国记者去采访美国商业偶像——李·艾柯卡。为了确保成功，年轻人在采访前做了大量的准备工作。如年轻记者所愿，这次采访非常成功。采访结束后，李·艾柯卡亲切地问年轻记者："年轻人，你现在每个月的收入是多少？""薪水很少，一个月 2000 美元。"年轻人不好意思地回答。

"虽然你薪水只有 2000 美元，但其实，你的薪水远远不止 2000

美元。"李·艾柯卡微笑着对年轻人说。

年轻的记者听后,露出了一脸的疑惑。李·艾柯卡解释道:"年轻人,你要知道,你今天能争取到采访我的机会,明天也就同样能争取到采访其他名人的机会。这充分证明了你在采访方面具备一定的潜力和能力。如果你能够不断积累这方面的才能和经验,就像你在银行存钱一样,你的才能也会在社会的银行里生利息。每一次成功的采访都是你才能的一笔投资,它们将为你的未来带来更多的机会和回报。当你积累了足够的经验和技能时,你将能够更好地应对各种挑战和机遇,进而在职业生涯中取得更大的成功。"

可见,相对于薪水来说,知识、经验和工作的技巧对于一个人的成长更加重要。薪水是对我们现有能力和价值的认可,是我们现有价值的兑现,而知识和经验的积累则可以使我们未来的价值增值。假如只是为了能多挣一些工资而工作,把工作当作解决自己生计问题的一种手段,那就得不偿失了。

生活中,大多数人每天都在为了薪水而努力工作。他们每天早出晚归,全身心投入工作中,只为能够得到那份微薄的薪水。然而,如果你能够超越这种仅仅为了薪水而工作的状态,那么你就已经超越了这个世界上的大多数人,也就迈出了通往成功的第一步。

复利思维

工作没有"分内分外"一说

在职场中,仅仅做到尽职尽责是远远不够的,还应该超越本职工作的范围,做得比预期的更多一些。也许你会说,我们没有义务做职责范围以外的事。但是,你却忽视了一个事实,那就是,只有当你愿意去承担更多的责任,去做一些看似分外之事时,你才可能会获得意想不到的收获。这不仅能在短期内为你提供更多的学习和成长机遇,而且从长远来看,这些额外的付出会像复利一样,为你的生活和职业发展积累丰厚的"利息"。这些分外事可能是主动承担额外的工作任务、帮助同事解决问题,或是提出创新的想法和建议。

在杰克·韦尔奇担任通用公司首席执行官时,有一天晚上,公司遇到了一个非常紧急的情况。为解决这个问题,需要立即向公司所有的营业处发出通告信。由于时间紧迫,公司领导决定动员办公室全体员工共同参与这一任务,以确保通告信能够迅速传达到各个营业处。

出乎意料的是,当杰克·韦尔奇让一名担任书记员的员工协助完成任务时,那名书记员竟然毫不客气地回应道:"这超出了我的职责范围,我可不是来做这种套信封工作的。"

第九章
职场复利——提高站位,实现职场跃迁

听到这样的话,杰克·韦尔奇的心中充满了愤怒,他深吸一口气,声音平静地说道:"既然你说这件事不是你分内之事,那么我建议你另谋高就。"

现实生活中,我们经常会遇到一些像上文所提到的书记员类型的员工。他们非常明确地将工作分为两部分:一部分是他们应该完成的工作;另一部分则是超出他们职责范围的工作。他们只愿意完成自己分内的工作,如果需要他们做超出职责范围的事情,那么他们就会要求得到相应的报酬。然而,他们并没有意识到这种做法实际上阻碍了他们的提升。因此,当在工作中被分配到额外的任务时,不应该表现出愁眉苦脸的表情,也不应该不断地抱怨。相反,应该积极地接受这些额外的工作。因为多做分外的工作对你的职业发展有着极大的帮助。

多做一些分外事,可以为我们的未来发展积累价值。多做一些分外事,意味着我们在不断地扩展自己的技能和经验,提升个人的能力和价值。虽然这需要我们在当下投入额外的时间和精力,但长期来看,这些额外的努力和付出会逐渐累积,为我们的职业发展和个人成长带来倍增效应。因此,我们应该积极寻求并把握机会去做一些分外事,以便为自己创造一个更加光明的未来。

王林的职业之路非常顺畅。许多人都对此感到好奇。实际上,其中的原因很简单,那就是王林总是愿意去做一些超出他职责范围的事情,这种工作态度得到了老板的注意和赞赏。

在公司里,王林并不是那种只满足于完成自己分内工作的员工。他总是主动去了解公司的各方面业务,并积极参与进去。王林将那

复利思维

些超出他职责范围的工作,也当作自己分内的事来对待,任劳任怨,从不计较报酬。这种主人翁精神让他获得了良好的人际关系,赢得了同事们的尊重和支持,也逐渐得到了老板的认可和赞赏。

虽然多做了一些工作占用了他的休息时间,但正是这种看似无偿的付出,为王林带来了更多的学习机会。王林从这些分外的工作中学到了许多新的知识和技能,这些都是他在日常工作中无法获得的。最终,王林的努力得到了回报,被提升到了更高的职位。

当我们愿意主动去做一些超出我们职责范围的工作时,实际上为自己争取了更多学习和锻炼的机会。这些额外的工作不仅可以帮助我们掌握新的技能,也可以让我们更加熟悉和了解不同的业务领域。这样的经历对我们的个人成长和发展是有益的。

工作中,多做一些看似分外之事,会让我们拥有更多的机会和收获。这并不是一种空洞无物的理论,而是经过事实验证的真理。那些能够超越领导期望、付出超值努力的人,往往能够在竞争中脱颖而出,得到更多的发展机会。因此,当分外的工作降临到自己头上时,不妨视为一种机遇、一种锤炼,可以将之视为提升自己能力的机会,或者展示自我价值的机会。通过这些额外的工作,展示出责任心、团队精神和解决问题的能力,进而得到领导和同事的认可,最终为自己赢得一个美好的未来。

第九章

职场复利——提高站位，实现职场跃迁

比别人多做一点点

著名投资专家约翰·坦普尔顿通过大量的调查研究，得出了一条很重要的定律——多一盎司定律。盎司是英美制重量单位，一盎司相当于 28 克，在这里，一盎司表示的是微不足道的重量。

坦普尔顿指出："那些取得中等成就的人与取得突出成就的人几乎做了同样多的工作，他们所做出的努力差别很小——只是'一盎司'。但其结果，所取得的成就及成就的实质内容方面，却经常有天壤之别。"

"多一盎司定律"是一个广为人知的定律，它的核心思想是：在任何事务中，只需多做那么一点点，哪怕只是一盎司的努力，最终都可能产生巨大的复利效应。这个定律可以应用到我们的工作中，帮助我们实现个人和职业的成长。如果我们能够坚持每天多做一点，就能够逐渐看到自己的进步。就像攀登一座高山一样，每一天都是一个阶梯，每一步都是一个新的起点。

每天多做一点点，意味着什么呢？意味着改变自己——当我们每天都多做一点点时，我们会发现自己的技能在不断提升。这种日积月累的进步，虽然看似微小，但却以复利的形式累积起来，最终为我们带来巨大的变化。随着时间的推移，我们会发现自己已经站

复利思维

在了成功的阶梯上，摘取了满意的成果。这就是复利的力量。

洛佩兹最初为迈克先生工作，担任的职务并不高，但短短几年就被提拔为公司总经理，成为迈克先生的得力助手。洛佩兹之所以能够如此迅速地晋升，其中一个关键因素就是她一直以来都秉持着"每天多做一点"的工作态度。这种积极的心态和努力工作的精神，逐渐引起了迈克先生的关注。

刚进入公司时，洛佩兹就发现，每天工作结束后，同事们都按时离开，迈克先生却总是留在办公室继续工作，直到深夜。因此，洛佩兹决定效仿迈克先生，每天下班后也留在办公室工作。没有人要求她这样做。然而，洛佩兹认为，作为一个新来的员工，应该更加努力工作，更加积极参与到公司的各项工作中去。更重要的是，洛佩兹希望能够在需要的时候为迈克先生提供一些帮助。

迈克先生经常需要处理一些琐碎的事情。起初，这些工作都是由他自己亲自完成的。后来，迈克先生发现洛佩兹在下班后也常常留在公司，于是，迈克先生让洛佩兹帮着处理这些琐碎的工作。

这种安排似乎非常有效。洛佩兹非常乐意帮助迈克先生处理这些小事，而迈克先生也能够更专注于他的主职工作。他们之间的合作变得越来越顺畅，工作效率有了明显的提高。渐渐地，洛佩兹成为迈克先生的好帮手。

每天比别人多做一点，可以逐渐积累起巨大的优势。多做一点，也许会占用你的休息或娱乐时间，但是，你的工作会获得很大的不同，你会比别人积累更多的东西，如经验、技能，等等。同时，你的行为也会赢得领导的赏识。

第九章
职场复利——提高站位，实现职场跃迁

工作中，很多事情都需要我们多做一点点。只要能多做一点点，并把它们做得更好，你就会得到数倍于一点点的回报。事实告诉我们，有时，在工作中我们不必比别人多做许多，只需要多做一点点，就会让人刮目相看。

一个周五的下午，李老板拿着一沓文件急匆匆地走入一家公司。这家公司和李老板的公司在同一楼层。一进门，他就问谁能帮忙把手里的文字资料录入电脑。因为他公司的打字员请假，没来上班，所以他来这家公司找人帮忙。当时正值下班时间，很多人都无暇理会，忙着收拾东西准备回家。这时，前台小王走过来表示自己愿意留下来帮忙。

全部录完后，李老板问小王应付多少钱。小王开玩笑地回答："哦，既然是想请人做的工作，大约200元吧。如果是帮忙，我是不会收取任何费用的。"李老板笑了笑，向小王表示谢意。

小王不过是开一个玩笑，并没有真想收钱。但李老板却坚持付给小王200元，并问她是否愿意到自己公司工作，薪水比现在公司的高出许多。

小王多做了一点儿事情，不过是出于乐于助人的想法，而不是金钱上的考虑，却意外地给自己带来了机遇。

多付出一点点就多了一份机会，如果每天都多付出一点点，意味着每天都比别人有更多的机会。正如美国著名行动学大师杜勒姆所说："天下没有不需要努力的成功。相信自己的努力，就等于相信自己付出之后必有回报。因此，多一次努力，就多一次成功的机会。"

同样是做一项工作，比别人稍微多用点心、多出点力，结果可

复利思维

能就不一样。因此，不要小瞧自己比别人多付出的那一点点，它也许就会改变你的一生，伟大的成就往往就是由那些比别人多做的一点点累积而成的。